工业机器人技术应用专业人才培养方案

GONGYE JIQIREN
JISHU YINGYONG ZHUANYE
RENCAI PEIYANG FANG'AN

主　编◎王鸿君　袁玉奎
副主编◎程　彬　张　娟
参　编◎赵晓梅　向　军　母　松
　　　　罗　桥　陈凤均　肖仁君

重庆大学出版社

图书在版编目(CIP)数据

工业机器人技术应用专业人才培养方案/王鸿君,
袁玉奎主编. -- 重庆:重庆大学出版社,2022.6
ISBN 978-7-5689-2557-0

Ⅰ.①工… Ⅱ.①王… ②袁… Ⅲ.①工业机器人—
人才培养—研究 Ⅳ.①TP242.2

中国版本图书馆 CIP 数据核字(2022)第 077082 号

工业机器人技术应用专业人才培养方案

主 编 王鸿君 袁玉奎
策划编辑:陈一柳

责任编辑:张红梅 版式设计:陈一柳
责任校对:邹 忌 责任印制:赵 晟

*

重庆大学出版社出版发行
出版人:饶帮华
社址:重庆市沙坪坝区大学城西路21号
邮编:401331
电话:(023)88617190 88617185(中小学)
传真:(023)88617186 88617166
网址:http://www.cqup.com.cn
邮箱:fxk@ cqup.com.cn (营销中心)
全国新华书店经销
POD:重庆新生代彩印技术有限公司

*

开本:787mm×1092mm 1/16 印张:6 字数:140 千
2022 年 6 月第 1 版 2022 年 6 月第 1 次印刷
ISBN 978-7-5689-2557-0 定价:25.00 元

前言
QIANYAN

工业机器人作为先进制造业中不可替代的重要装备和手段,已成为衡量一个国家制造业水平和科技水平的重要标志。以工业机器人为主体的工业机器人产业,正是破解我国产业成本上升、环境制约等问题的重要路径选择。

中国工业机器人市场的快速增长,为工业机器人及其智能装备发展创造了更多的工作机会:工业机器人及其智能装备的集成设计、编程操作以及日常维护和修理等都需要大量的专业人才,极大地拓展了与工业机器人相关的就业途径,产生了许多新岗位。但工业机器人相关人才的培养却没有跟进,造成了专业人才的短缺。

工业机器人技术应用专业如何在新课程背景下,真正落实新课程目标;如何坚持以就业教育为导向,促进职业教育的新发展,是摆在我们面前的一个重要课题。

在本书编写之初,重庆市永川职业教育中心便组织人员对行业、企业、高校开展了广泛调研,对社会需求进行了深入分析,对职业能力要求进行了逐一分解。在此基础上,编者按照《教育部关于制定中等职业学校教学计划的原则意见》(教职成〔2009〕2号)精神,对人才培养目标与规格、人才培养模式、专业设置和结构、教学内容和方法等进行了深入细致、切合实际的研究与探讨,并针对各自的专业特色、课程结构、学科分布、课时安排、综合实训教学进行了科学、合理的分配和布局,最终形成了本书。

本书的编写得到了市教科院、区教研室多位领导的指导,得到了江苏汇博机器人技术股份有限公司、重庆华中数控技术有限公司、广州数控机器人科技有限公司的大力支持,在此一并感谢。本书由王鸿君、袁玉奎任主编,由程彬、张娟任副主编。参加本书编写的人员还有罗桥、赵晓梅、向军、肖仁君、母松、陈凤均等,感谢他们辛勤的付出。

由于编者水平有限,书中难免有不当之处,恳请广大读者批评指正。

编者

2021 年 6 月

目 录
MULU

工业机器人技术应用专业调研报告

一、调研背景

为深入学习党的十九大精神,落实《重庆市科教兴市和人才强市行动计划(2018—2020年)》要求,提升中等职业学校专业服务产业发展的能力,促进产教协同发展,重庆市教育委员会决定实施中职骨干专业建设项目。工业机器人作为先进制造业中不可替代的重要装备和技术手段,已成为衡量一个国家制造业水平和科技水平的重要标志。目前,以工业机器人为主体的机器人产业,正是破解我国产业成本上升、环境制约等难题的重要路径选择。

重庆市永川职业教育中心的工业机器人技术应用专业作为重庆市中职紧缺骨干专业项目,通过为期两年的项目建设,提高了中职工业机器人技术应用专业建设与产业转型升级的匹配度,促进了中职专业体系与产业链、创新链的紧密对接,增强了专业服务产业发展的能力。

二、调研目的

(一)总体目标

为了吸取先进经验,更好地指导工业机器人技术应用专业建设,推进人才培养模式、教育模式改革,着力提高育人效益,彰显紧缺骨干专业的办学特色,我校开展了对同类中职学校专业发展现状、办学规模、人才培养模式、课程建设方案的调研,实地考察了企业、行业,了解了企业人才需求和实际工作岗位对员工基本技能、职业素养和岗位能力的要求等情况,并以此为参考,调整了我校工业机器人技术应用专业的课程设置。

(二)企业调研目的

(1)了解企业对工业机器人技术应用专业人才文化程度、专业技能、职业素养等方面的要求等。分别调研工业机器人生产企业、集成企业和应用企业,随后编写并完善适合我校工业机器人技术应用专业人才的培养方案,摸索工业机器人技术应用专业如何建设的基本认识和原则。

(2)了解工业机器人技术应用行业乃至智能制造行业出现的新技术、新工艺、新管理方法等的行业特点,为我校的专业转型升级找到方向,为学生的专业定位和长远发展奠定基础。

(3)探索新时期的校企合作,了解企业对校企合作的看法、参与校企合作的意愿和乐于接受的参与方式,为我校工业机器人技术应用专业校企合作找到方向。

(三)同类学校调研目的

(1)了解同类学校的人才培养模式、先进教学理念、师资建设、课程体系、课程设置等。为我校工业机器人技术应用专业人才培养和课程体系改革指明方向,吸收同类学校专业开设经验,避免"闭门造车",少走弯路。

（2）了解同类学校的教学条件，为学校实训室改造、实训室文化建设等提供参考。

三、调研对象

调研对象为工业机器人技术应用行业的相关工作人员以及同类学校工业机器人技术应用专业的教师和在校学生及部分毕业生。

1. 行业企业调研

我校在 2019 年暑期先后对重庆永川华数机器人有限公司、重庆华数机器人有限公司、重庆精鸿益科技股份有限公司、广东星振科技有限公司、广州数控设备有限公司、深圳利亚德光电有限公司、广东汇博机器人技术有限公司、深圳广汽传祺新能源汽车销售有限公司等企业进行了调研。

调研企业地域覆盖面广；涵盖工业机器人生产、集成、应用等方面。调研采用问卷调查、实地调研、召开座谈会等多种方式。

2. 同类学校调研

我校对重庆工程职业技术学院、东莞市技师学院、广东轻工职业技术学院、广东三向职业培训学院等进行了考察调研及座谈。

四、调研内容

（1）2019 年 7 月 10 日，我校工业机器人技术应用专业教师到重庆精鸿益科技股份有限公司和重庆华数机器人有限公司生产基地进行调研。在重庆精鸿益科技股份有限公司参观了工业机器人在机械冲压成型、打磨、装配流水线上的应用；感受了该公司积极向上、精益求精、安全贯穿每一个生产环节的企业文化。在重庆华数机器人有限公司生产基地，我校教师参观了工业机器人"部装—整装—中期调试—精密调试"等车间生产流程；了解了该公司目前热销的产品型号；在会议室与生产主管进行座谈交流，探讨了工业机器人生产企业对工业机器人技术应用专业人才的需求情况。

（2）2019 年 7 月 12—18 日，我校教师到广东参加了高水平中职学校师资队伍建设培训。培训内容为：广州市教育研究院职业与成人教育教学研究室副主任、广东省特级教师陈咏的"教学的基本要求"；广东省教育研究院职业教育研究室副主任、正高级研究员杜怡萍的"职业教育专业建设的基本认识与实践探索"；深圳职业技术学院机电工程学院副院长钟健教授的"智能制造专业群课程体系构建思考"；惠州城市职业学院教务处处长冯理明副教授的"金课建设及教学应用"。

其间，我校教师还考察了广东星振科技有限公司、广州数控设备有限公司、深圳利亚德光电有限公司、东莞市技师学院、深圳广汽传祺新能源汽车销售有限公司等企事业单位。

广东星振科技有限公司是德国卡尔蔡司工业精密三坐标测量机中国教育行业南区签约战略合作伙伴，也是美国 CGTech 公司 VERICUT 数控加工仿真软件中国教育行业授权合作伙伴。该公司主要生产 Vericut 数控加工仿真软件、数控五轴模拟训练机、多轴数控教学设备、智能防碰撞五轴机床、精密测量设备、智能制造模拟训练机。

广州数控设备有限公司成立于 1991 年，被誉为"中国的南方数控产业基地"。该公司秉承"精益求精,让用户满意"的服务精神,为用户提供机床数控系统、伺服驱动、伺服电机、自动化控制系统、工业机器人、精密数控注塑机等解决方案。

深圳利亚德光电有限公司,为客户提供视频及信息发布显示屏整体解决方案和 LED 灯光系统解决方案,是 LED 视频及信息发布显示屏领域的引领者。

深圳广汽传祺新能源汽车销售有限公司的经营范围包括汽车销售、零配件批发、整车维保等。我校教师一行参观了维保车间,并就当地汽修行业进行了座谈。

(3)2019 年 7 月 18—20 日,我校工业机器人技术应用专业教师调研了广东三向集团和广东汇博机器人技术有限公司。

在调研过程中,我校教师参观了企业生产车间,了解了企业文化,并就企业对工业机器人和数控等高端智能制造产业技能人才需求、行业标准、专业课程设置、校企合作等内容进行了座谈调研。我校教师还了解了企业规模、员工来源、员工待遇、岗位需求;员工需具备的知识、技能和基本素养;学校与企业如何共同培养从业人员,毕业生上岗后存在的问题;企业对工业机器人技术应用专业的建设意见等。对学校工业机器人技术应用专业的发展建设提供了很大的帮助。

(4)同类学校调研。我校工业机器人技术应用专业教师于 2019 年 6 月 25 日到重庆工程职业技术学院调研;2019 年 7 月 17 日到东莞市技师学院调研;2019 年 7 月 25 日到广东轻工业职业技术学院进行了同类学校调研。我校教师参观了学校实训基地,与学校领导及相关专业负责人座谈研讨;就职业院校管理发展,职业教育人才培养、专业建设、校企合作、毕业生就业升学等内容进行了交流;了解了同类学校工业机器人技术应用专业的办学规模、学生来源、师资情况、实训情况、校企合作情况、专业核心课程、教学方式、学生学习态度及评价方式、学生就业情况等。

五、调研分析

(一)行业发展现状与趋势分析

1.发展现状分析

《中国机器人产业发展报告(2019)》于 2019 年在世界机器人大会闭幕式上正式发布,报告指出工业机器人行业在长三角地区综合实力优势突出,依赖制造业基础形成广阔的市场发展空间;产业规模效益领跑全国;产业结构布局合理;产业创新发展形势向好,产业集聚程度加深;产业发展环境优良。珠三角地区中小规模的工业机器人集成和应用企业形成集聚,机器换人步伐不断加快,产业规模效益稳步提升;产业结构进一步改善;产业创新形式持续丰富;产业集聚程度不占优势;产业发展环境整体良好。

众所周知,工业机器人关键零部件包括伺服电机、减速机、控制器、传感器和机械本体。广东省的相关企业在伺服电机、控制器和传感器领域处于国内领先地位,但是和国外发达国家的相关领域比较,仍有很大的差距。从产品成本构成分析,伺服电机占产品成本的 20% 左右,减速机占产品成本的 25% 左右,控制器占产品成本的 27% 左右,因此工业机器人产业化的关键问题是掌握这些关键零部件的产业化和国产化。

2019 年 7 月 9 日,国际机器人联合会(IFR)发布的全球工业机器人最新统计数据显示,亚太区域的工业机器人安装量增速放缓,2018 年甚至比 2017 年降低约 1%。与此同时,从不同国家和地区的分布来看,中国工业机器人安装量逆势上扬,遥遥领先。2018 年,我国工业机器人安装量为 13.32 万台,超过了第二名到第四名的总和。日本、美国、韩国分别以 5.24 万台、3.81 万台、3.76 万台的安装量居于第二到第四位,安装量为 2.79 万台的德国位居第五。

根据本次调研情况,结合智能制造行业的需求,可以看出,近年来对工业机器人技术应用专业的人才需求主要表现在两个方面。第一个方面是系统集成开发工,其主要从业范围是售前及售后技术支持、仿真控制、智能监控等对技术要求较高的环节,这些环节必须依赖高端技术人才来运行,所以对人才的需求量不多,在招聘时必须选用高素质、高技能、高学历的技能型人才。第二个方面是机器人维护工,其主要从业范围是机器人安装、维护和修理环节,以及对整个机器人工作站进行运行管理。

2. 发展趋势分析

随着全球机器人产业的快速发展,中国工业机器人产业也取得了长足的进步,2018 年,中国工业机器人的产量达到了 148 000 台/套,占全球产量的比重超过 38%。当前我国工业机器人市场保持向好发展态势,约占全球市场份额的 1/3,是全球第一大工业机器人技术应用市场。

据国际机器人联合会统计,中国已连续 5 年成为全球工业机器人的最大消费市场,中国工业机器人市场正在进入加速成长阶段,国际机器人联合会预测,中国未来工业机器人销量会维持在 20% 左右的增速。我国制造企业数字化、智能化转型建设步伐日益加快,有力地推动了工业机器人市场的快速发展,2020 年,中国工业机器人市场销售额达 422.5 亿元,预计到 2023 年中国工业机器人市场销售额将达到 589 亿元。

随着我国推进"中国制造 2025"发展战略,以及高端制造业的发展,对知识型员工的需求将会增加,操作、调试、维护智能设备的技术性岗位将会相对增加。通过调研发现,目前工业机器人行业人才,特别是高端人才稀缺,在产业升级、机器人换人的大背景下,工业机器人技术应用专业具有广阔的发展前景。随着工业机器人的走红,以及第四次工业转移,中国的工业机器人市场已达全球的 1/3,很明显,中国已经成为全球机器人竞争最激烈的市场,随着全球各国工业机器人的涌进,为争夺更大的市场份额,催生中国机器人产业人才和先进技术,各高校也纷纷增设了与工业机器人相关的专业。因此,工业机器人技术应用专业应当培养大批与自动化、智能化设备匹配的高素质人才,以适应新产业、新岗位的需求。

(二)专业对应的职业领域分析

(1)不能将工业机器人产业当作一个独立的产业,而应将其作为现代机械装备制造业的核心单元之一。实际上智能制造就是在现代生产中,集成各种高技术产品,包括机器人、物流系统、工业视觉系统、智能传感系统、控制系统、计算机控制软件等高技术,达到在现代制造中将劳动者从简单重复的劳动中解放出来的目的,实施智能制造将使集成生产厂商和用户双方获益。

（2）机器人技术应用于多种工业领域,可以分为工业机器人、服务机器人、特种机器人。工业机器人又可以分为焊接机器人、搬运机器人、装配机器人、分拣机器人及喷涂机器人等,广泛应用于汽车、3C制造领域。其中,焊接机器人、喷涂机器人、分拣机器人等主要应用于汽车工业;搬运机器人、装配机器人等主要用于3C电子生产企业。敏捷制造、柔性制造、精益制造是3C电子生产企业的发展方向,而工业机器人的特点正符合高精度、高柔性的发展方向和趋势。我国3C电子产业的自动化需求主要在部件加工,如玻璃面板、手机壳、PCB等功能性元件的制造、装配、检测、部件贴标、整机贴标等,可以说工业机器人所涉及的领域众多。

（3）中等职业学校的学生可在各类自动化设备和工业机器人生产、使用企业从事自动化设备和工业机器人的操作、编程、维护维修、安装调试等生产、运营、管理工作,也可从事工作站的装调、集成应用等工作。

（三）专业对应的职业岗位分析

1.职业岗位分析

从本次调研的多家企业来看,企业急需的岗位情况如下:售后服务岗需求占19%,安装调试岗需求占18%,营销岗需求占15%,技术服务岗需求占13%,技术支持岗需求占13%,编程岗需求占7%,工作站调试维护岗需求占6%,工作站开发岗需求占4.5%,机器人组装岗需求占4.5%。

从国内人才市场总的需求来看,工业机器人技术应用专业人才需求主要集中在3类企业,分别是机器人制造厂商、机器人系统集成商和机器人应用企业。

机器人制造厂商:主要需要机器人组装、销售、售后服务、技术维护等方面的技术型人才。

机器人系统集成商:主要需要机器人工作站开发、安装调试、技术支持方面的技术型人才。

机器人应用企业:主要需要机器人工作站调试维护、操作编程等综合素质较强的技术型人才。

2.职业资格证书分析

从图1.1来看,对职业资格证书的认可情况为:40.8%的员工认为"工业机器人操作调整工很实用",33.3%的员工认为"工业机器人装调维修工很有必要",14.8%的员工认为"维修电工不能少",7.4%的员工认为有没有证书无所谓,3.7%的员工认为需要其他证书。

从图1.2来看,38.89%的员工认为取得职业资格证书对提高薪资和岗位晋升有帮助;33.33%的员工认为取得职业资格证书能获得重点培养的机会。

（1）必须取得的基础证书:

全国计算机等级考试一级证书;

全国英语等级考试一级证书。

（2）应取得的职业资格证书（至少以下三选一）:

电工职业资格证书（人力资源和社会保障部颁发）;

工业机器人装调维修工（机械行业职业资格标准）;

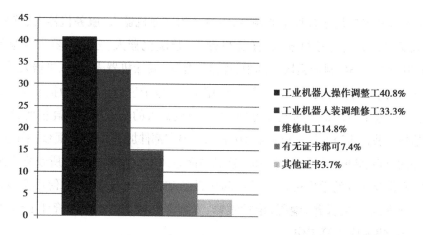

图 1.1　对职业资格证书的认可情况

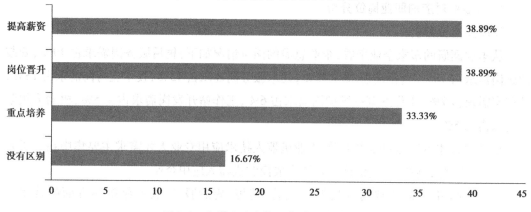

图 1.2　取得职业资格证书对工作的影响

工业机器人操作调整工(机械行业职业资格标准)。

(3)有条件的学生鼓励取得的证书:

CAD 中级证书(全国 CAD 应用培训网络中心);

计算机辅助设计 ProtelqqSE(中级)证书(全国 CAD 应用培训网络中心);

SOLIDWORKS 认证助理工程师(CSWA)证书(中国机械协会互认,面向大学生)。

3. 专业对应的知识结构和技能

通过统计和分析各企业的调研数据,工业机器人技术应用专业毕业生的知识结构和能力要求如下:

(1)知识结构:大部分的被调查员工认为机械基础、机器人编程、计算机基础、机器人控制、机器人结构与原理比较重要;少部分的被调查员工认为装配钳工、维修电工、机械部件检测、液压与气动控制、机械识图、工作站安装与调试、电工识图、工业机器人安装及维修是必备知识。

(2)基本技能:大部分的被调查员工认为计算机信息处理、工作站周边设备的维护与调试、构建 PLC 控制系统、工作站常见故障诊断与排除、编制工业机器人控制程序等技能非常重要;少部分的被调查员工认为钳工、质量检测、工作站的日常维护与运行、识读结构安装图和电气图是必备技能。

（3）基本素养：大部分的被调查员工认为有较强的安全意识与职业责任感、热爱机器人运行岗位、有较高的团队合作意识、终身学习能力、遵守企业制度、良好的岗位服务意识非常重要；少数的被调查员工认为吃苦耐劳、刻苦钻研、敬业爱岗比较重要。

4.职业岗位综合分析

工业机器人技术应用专业面向的职业岗位（群）见表1.1，工业机器人技术应用专业职业能力要求见表1.2。

表1.1　工业机器人技术应用专业面向的职业岗位（群）

岗位类别	工作岗位
操作岗位	工业机器人自动化生产线操作工
	工业机器人装配工
	工业机器人维修调试工
	工业机器人工作站设计与安装工
管理岗位	工业机器人运行维护与管理工

表1.2　工业机器人技术应用专业职业能力要求

工业机器人技术应用专业所对应的职业工作岗位（群）	职业能力要求
操作岗位：机器人自动化生产线操作工、工业机器人装配工、工业机器人维修调试工、工业机器人工作站设计与安装工	能识读工业机器人应用系统的结构安装图和电气原理图，整理工业机器人技术应用方案的设计思路
	能绘制简单机械部件，生成零件图和装配图，跟进非标准件加工，完成装配工作
	能维护、保养工业机器人技术应用系统设备，能排除简单电器及机械故障
操作岗位：机器人自动化生产线操作工、工业机器人装配工、工业机器人维修调试工、工业机器人工作站设计与安装工	能根据自动化生产线的工作要求，编制、调整工业机器人控制程序
	能根据工业机器人技术应用方案要求，安装、调试工业机器人及应用系统
	能收集、查阅工业机器人技术资料，对已完成的工作进行规范记录和存档
管理岗位：工业机器人运行维护与管理工	能对工业机器人技术应用系统的新操作人员进行培训
	掌握机械原理与典型机构拆装、公差配合与测量、机械零件加工、电工电子技术、液压与气动、电气控制、电气安装、可编程控制器、电机驱动与调速、单片机应用和工控组态等技术的专业知识及应用技能
	具有工程图（机械装配图及零件图、电气控制原理图、电气安装接线图、液压与气压系统原理图、设备安装平面图）制图和绘图能力
	掌握自动生产线、数控机床的安装、调试、维护与维修等机电知识与技能

续表

工业机器人技术应用专业 所对应的职业工作岗位(群)	职业能力要求
管理岗位:工业机器人运行维护 与管理工	具有常用办公设备(计算机、打印机、扫描仪和传真机等)的使用能力
	具有外语初级水平的表达与写作能力
	具有一般方法能力(学习与自我发展能力等)和社会能力(与人沟通、协调与合作共事等)

工业机器人技术应用专业就业岗位能力分析见表1.3。

表1.3　工业机器人技术应用专业就业岗位能力分析

就业岗位群	工业机器人自动化生产线操作工	工业机器人装配工	工业机器人维修调试工	工业机器人工作站与安装工	工业机器人运行维护与管理工
岗位核心能力	1.具有工业机器人技术应用专业相关知识; 2.能进行工业机器人工作站的程序编制; 3.熟悉工业机器人的操作方法	1.工业机器人的安装、调试; 2.工业机器人的运行; 3.工业机器人运行的工艺调试	1.工业机器人的安装、调试; 2.工业机器人的运行; 3.工业机器人运行的工艺调试; 4.工业机器人常见故障排除	1.工业机器人的安装、调试; 2.工业机器人的运行; 3.工业机器人运行的工艺调试	1.工业机器人管理工作及设备维护; 2.工业机器人工作站系统维护; 3.工业机器人工作站运行维护; 4.工业机器人工作站周边自动线的运行、维护
岗位基础能力	1.能识读工业机器人应用系统的结构安装图和电气原理图,整理工业机器人技术应用方案的设计思路; 2.能绘制简单机械部件,生成零件图和装配图,跟进非标准件加工,完成装配工作;	1.能识读工业机器人应用系统的结构安装图和电气原理图,整理工业机器人技术应用方案的设计思路; 2.能绘制简单机械部件,生成零件图和装配图,跟进非标准件加工,完成装配工作;	1.能识读工业机器人应用系统的结构安装图和电气原理图,整理工业机器人技术应用方案的设计思路; 2.能绘制简单机械部件,生成零件图和装配图,跟进非标准件加工,完成装配工作;	1.能识读工业机器人应用系统的结构安装图和电气原理图,整理工业机器人技术应用方案的设计思路; 2.能绘制简单机械部件,生成零件图和装配图,跟进非标准件加工,完成装配工作;	1.能识读工业机器人应用系统的结构安装图和电气原理图,整理工业机器人技术应用方案的设计思路; 2.能绘制简单机械部件,生成零件图和装配图,跟进非标准件加工,完成装配工作;

岗位基础能力				
3.能维护、保养工业机器人技术应用系统设备,能排除简单电器及机械故障;	3.能维护、保养工业机器人技术应用系统设备,能排除简单电器及机械故障;	3.能维护、保养工业机器人技术应用系统设备,能排除简单电器及机械故障;	3.能维护、保养工业机器人技术应用系统设备,能排除简单电器及机械故障;	3.能维护、保养工业机器人技术应用系统设备,能排除简单电器及机械故障;
4.能根据自动化生产线的工作要求,编制、调整工业机器人控制程序;	4.能根据自动化生产线的工作要求,编制、调整工业机器人控制程序;	4.能根据自动化生产线的工作要求,编制、调整工业机器人控制程序;	4.能根据自动化生产线的工作要求,编制、调整工业机器人控制程序;	4.能根据自动化生产线的工作要求,编制、调整工业机器人控制程序;
5.能根据工业机器人技术应用方案要求,安装、调试工业机器人及应用系统;	5.能根据工业机器人技术应用方案要求,安装、调试工业机器人及应用系统;	5.能根据工业机器人技术应用方案要求,安装、调试工业机器人及应用系统;	5.能根据工业机器人技术应用方案要求,安装、调试工业机器人及应用系统;	5.能根据工业机器人技术应用方案要求,安装、调试工业机器人及应用系统;
6.能收集、查阅工业机器人技术资料,对已完成的工作进行规范记录和存档;	6.能收集、查阅工业机器人技术资料,对已完成的工作进行规范记录和存档;	6.能收集、查阅工业机器人技术资料,对已完成的工作进行规范记录和存档;	6.能收集、查阅工业机器人技术资料,对已完成的工作进行规范记录和存档;	6.能收集、查阅工业机器人技术资料,对已完成的工作进行规范记录和存档;
7.能对工业机器人技术应用系统的新操作人员进行培训;	7.能对工业机器人技术应用系统的新操作人员进行培训;	7.能对工业机器人技术应用系统的新操作人员进行培训;	7.能对工业机器人技术应用系统的新操作人员进行培训;	7.能对工业机器人技术应用系统的新操作人员进行培训;
8.具有工业机器人及服务机器人系统的模拟、编程、调试、操作等基础能力;	8.具有工业机器人及服务机器人系统的模拟、编程、调试、操作等基础能力;	8.具有工业机器人及服务机器人系统的模拟、编程、调试、操作等基础能力;	8.具有工业机器人及服务机器人系统的模拟、编程、调试、操作等基础能力;	8.具有工业机器人及服务机器人系统的模拟、编程、调试、操作等基础能力;
9.具有工业机器人控制系统初步应用能力;	9.具有工业机器人控制系统初步应用能力;	9.具有工业机器人控制系统初步应用能力;	9.具有工业机器人控制系统初步应用能力;	9.具有工业机器人控制系统初步应用能力;
10.具有企业生产管理等能力;	10.具有企业生产管理等能力;	10.具有企业生产管理等能力;	10.具有企业生产管理等能力;	10.具有企业生产管理等能力;

续表

岗位基础能力	11. 具备获取新知识、新技能的意识和能力；12. 具有独立解决常规和简单问题的能力	11. 具备获取新知识、新技能的意识和能力；12. 具有独立解决常规和简单问题的能力	11. 具备获取新知识、新技能的意识和能力；12. 具有独立解决常规和简单问题的能力	11. 具备获取新知识、新技能的意识和能力；12. 具有独立解决常规和简单问题的能力	11. 具备获取新知识、新技能的意识和能力；12. 具有独立解决常规和简单问题的能力

（四）同类学校调研分析

1. 同类学校人才培养模式与课程体系调研分析

从调研的重庆工程职业技术学院、东莞市技师学院的情况来看，重庆工程职业技术学院采用的人才培养模式是传统的学校和企业共同培养，学生先在学校学习理论知识和基本技能，再到企业进行见习、实习或顶岗实习，通过到企业实习，巩固和融合知识技能。而东莞市技师学院实行的是企业新型学徒制培养模式、校企双制培养模式、员工技能提升弹性学制培养模式、多专业融合"学业＋创业"培养模式等职业教育新模式，开展了中德、中英等国际合作班，将教学内容与企业生产流程相连接、将培训与就业相连接，对企业员工的定点培养有着积极的作用。

课程体系建设在各个院校各有特色。有的院校明确了工业机器人安装、调试、编程的专业培养定位；有的院校适当拓展了工业机器人周边数控设备、在线监测设备的安装调试维护；有的院校定位于传统产业改造升级、机械系统维护升级；有的院校专注于精密部件、制造、装配；有的院校采用工作过程化、系统化的课程体系，将实训室改造成企业化生产环境。

2. 同类学校师资队伍建设调研分析

（1）优化团队结构。加大兼职实践教师的数量，逐步达到兼职实践教师与专业课教师1：1的比例。聘请企业生产一线的工程技术人员、能工巧匠和管理人员担任实践课程的教学与指导任务；与行业和企业广泛合作，聘请行业专家和企业技术能手，建立专业建设指导委员会，推进专业和课程的改革与发展。聘请行业专家和企业高级工程技术人员来校担任客座教授，为工业机器人技术应用专业学生进行讲学和现场解答，同时提高专业课教师的学术水平和实践能力。

（2）针对工业机器人技术应用专业的特点，调研的学校还采取以下方法建设师资队伍：一是定期安排教师参加企业的专业技能培训和企业实践；二是聘请企业专家作为学校的专、兼职教师，对学校工业机器人技术应用专业的发展建言献策。

3. 同类学校校企合作调研分析

通过调研，同类学校校企合作的模式通常有引企入校、引校入企、校企共建实训基地等。

(五) 毕业生就业情况分析

1. 毕业生岗位分布情况

工业机器人生产型企业的员工一般为专科或本科学历的毕业生,岗位一般为工业机器人生产现场操作人员、工业机器人产品销售与售后服务技术人员、制造类企业的工业机器人维护与管理人员、智能自动化生产线设备现场技术人员、自动化生产线的操作和维护人员及管理人员。而中等职业学校工业机器人技术应用专业的毕业生一般在机器人应用型企业的一线应用型岗位上。

2. 毕业生工资分析

从图1.3可看出,40.91%的中等职业学校工业机器人技术应用专业毕业生初期平均工资为3 001~4 000元,27.27%的中等职业学校工业机器人技术应用专业中期稳定后工资可达4 000元以上。

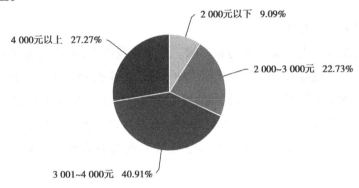

图1.3　中等职业学校工业机器人技术应用专业毕业生工资分析

3. 专业对口

从图1.4可以看出,中等职业学校工业机器人技术应用专业毕业生就业的专业对口和专业基本对口率均在45.45%左右。

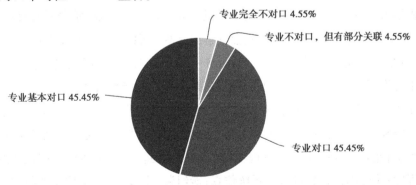

图1.4　中等职业技术学校工业机器人技术应用专业毕业生就业的专业对口调研问卷

(六) 存在的问题

1. 课程体系亟待完善

从调研的结果来看,我校工业机器人技术应用专业的课程结构不够完善,应结合企业的人才需求调整专业课程,有机地融入企业管理文化和理念,开设与企业岗位对应的专业课程,让学生的知识技能结构更适应企业所需。

2.师资队伍建设亟待加强

和同类学校相比,我校工业机器人技术应用专业的教师在企业顶岗实践的时间和深度方面比较欠缺,对企业的先进技术不够了解,对企业技能标准的把握不够准确,现代教学手段需要加强,先进职业教育理念需要提升。

3.校企合作需要加强

我校工业机器人技术应用专业与企业的合作深度不够,与企业专家没有形成长效沟通机制,应多聘请企业专业技术人员到校做兼职教师,参与教学;平时也应组织师生多去企业参观了解,增强对企业文化、企业管理模式的了解,强化工学结合培养模式,增强对企业的认同感和归属感。

六、调研结论

(一)职业范围与专业方向

工业机器人技术应用专业就业前景广阔。从职业范围看,机器人集成行业、机器人应用行业大量需要工业机器人安装人员、调试维护人员,工业机器人在搬运上下料、焊接和钎焊、加工(包括切割抛光打磨)、装配及拆卸、涂层及胶封这5个领域应用最广泛。

从员工文化层次来看,工业机器人生产型企业普遍需要大专及以上学历的员工从事、安装调试工作;工业机器人集成及应用型企业对工业机器人相关专业的中职生有一定需求。

因此,我校工业机器人技术应用专业的教师应尽量动员更多的学生进行学历提升,到自动化相关专业院校继续深造,这样更能满足企业对人才的要求。

(二)人才培养目标及规格

1.培养目标

工业机器人技术应用专业主要面向工业机器人技术应用企业,培养具有良好沟通及团队协作能力、自我学习及终身学习能力、独立解决常规问题能力,具有良好的职业道德及创新精神、良好的科学文化素养,能在生产、服务一线从事工业机器人操作、维修、维护工作,具有职业生涯发展基础知识和技能的应用型高素质技术技能型人才。

能读懂工业机器人机械结构、液压气动、电气系统图;会使用相关工具及仪表;具有一定的编程思路和思维能力;能对 PLC 系统进行基本控制及维护;能拆装、维护工业机器人单元的电气系统;能对工业机器人进行现场编程、故障诊断;能初步使用工控机、触摸屏编写人机界面程序;能使用仿真软件进行系统仿真;能组装、安装、调试常用工业机器人辅具;能读懂工业机器人相关产品操作手册等。

2.人才培养规格

(1)工业机器人系统操作员:能使用示教器、操作面板等人机交互设备及相关机械工具对工业机器人、工业机器人工作站或系统进行装配、编程、调试、工艺参数更改、工装夹具更换及其他辅助作业。

（2）工业机器人系统运维员：能使用工具、量具、检测仪器及设备，对工业机器人、工业机器人工作站或系统进行数据采集、状态监测、故障分析与诊断、维修及保养作业。

七、对策与建议

（一）专业融合组建专业群

通过企业调研，了解企业所需要的是复合型人才，如工业机器人方向调试岗位，既需要电子专业的识图知识，也需要工业机器人的编程知识，甚至需要数控或汽修专业的相关知识和软件方面的知识。因此，在教学过程中，教师应适当地将其他专业的知识引入课程当中，培养工业机器人领域的专业人才，并让其有一定的自学能力，以便在工作岗位中能适应社会和企业的发展需要。

（二）实现两大融合

1.校企融合

为了提升教师、学生的技能，同时也为了使学生能更好地适应社会的需求，学校与企业之间应开展深度校企融合，达到共赢的目的。教师通过到企业培训和学习，完成企业布置的任务，达到提升自身技能、丰富自身知识的效果；学生通过到企业参观和学习，了解专业知识的应用领域，通过实际操作感受专业魅力及了解行业待遇，使学生对自己的专业有新的认识，同时企业将大大缩短对这些学生的岗前培训流程，为企业节约了培训时间，提高了生产效率。

2.产教融合

普通的教学是将书本上的知识传授给学生，而中等职业学校的学生很难通过普通教学掌握知识点。通过对教学模式的改革发现，将理论知识的知识点提取出来，融合为一个产品或典型工作任务，对提高学生的学习兴趣有很大的帮助。但是作为产品来说，企业开发的产品和学校作品有一定的差距，企业的产品是经过市场检验和认证的。因此，学校应当与企业保持紧密的联系，邀请企业工程师到校多开展相关理论知识的探讨和产品的应用，讲解工业机器人技术应用行业的发展动态和前沿技术。

相比于普通的教学模式，产教融合能使学生学到更多的知识和技能；同时也能改变很多学生的学习态度，对学校、企业、学生都有积极的作用。

（三）实施三大转变

1.单方向向多方向转变

学校在专业方向上要实现单方向向多方向发展的转变。以前各个专业的学生，都只是为某一个行业培养的人才，有一定的局限性。通过专业群的建设和组合，将原本几个专业的知识提炼、融合在一起，培养复合型人才，使学生的就业范围更大，综合知识更强，社会生存力更强；同时也满足企业对员工"一专多能"发展的要求。

2.集中培训向多元培训转变

学校对教师、学生的培训由以前的集中培训向多元培训转变。集中培训对学生和教师来说，获取的知识量较少，有一定的局限性。通过向多元培训的转变，各个教师可以学到相关的专业知识和技能,有针对性地弥补专业教师对知识的需求。同时,学生也可以选择到与自己专业相关的企业实习,获取自己专业不同领域的技能。这样既能提高学生和教师的学习积极性,也能使其从培训中获取更多的知识量,达到更高的培训目标。

3. 集中就业向分散就业转变,鼓励学生升学

学生再就业方面将从以前的集中就业向分散就业转变。由于每个专业有很多不同的专业领域,一个专业的学生不可能都对一个专业领域感兴趣,因此,为了让学生所学知识的价值最大化,将推荐与工业机器人技术应用专业相关的多个领域,以适应学生的发展需要。

(四)完善四大改革

1. 完善课程体系

通过企业调研,学校在课程体系建设方面将对专业知识结构进行调整和完善,满足企业对复合型人才的需求。

2. 完善课程标准

在课程标准方面,学校将由以前的传统书本知识标准,转变为以"结合工业机器人典型工作任务,实际动手完成作品"为标准。知识是技能的基石,通过技能的学习,学生更能明白理论知识的作用,也更能掌握理论知识。因此完善课程标准,更能帮助学生理解专业知识。

3. 改进教学模式

在教学模式方面,学校由以前的普通理论知识传授模式向产教结合工业机器人典型工作任务转变。通过产品引入相关知识点,潜移默化地完成教学知识点。这样的教学模式更能激发学生对学习的兴趣,使其收获更多的工业机器人专业知识,达到教学的目的。

4. 改革评价模式

在课程评价方面,学校由以前的传统考试评价方式向多元化评价方式转变。中等职业学校学生理论成绩普遍较差,但是动手操作能力相对较强,技能则是需要动手操作获得的知识。因此对学生的评价应结合学生的操作能力、理论知识掌握情况以及学生在校的表现,对学生进行综合的评价,完善工业机器人技术应用专业学生的综合素质评价体系。

(五)强化五大建设

1. 教学资源库建设建议

在教学资源库建设方面,优化教学资源库,增添教学产品耗材以及配套的教学课件及相关微课,收集教师、学生的优秀教学作品和实习作品。

2. 师资队伍建设建议

在教师队伍建设方面,建议每个教师有一到两门的专业强项,这样不仅能提高教师的专业水平,还能直接提升教学质量和水平,提升专业的发展。

3. 实训室环境建设建议

在实训室环境建设方面,应在满足学生学习的前提下,努力打造属于工业机器人技术应用专业的独特专业文化,使学习氛围更浓厚,更有专业代表性。尽量避免一个实训室多种用途或多种实训室在同一空间混杂的局面。多种用途的实训室有很大的干扰,对维护成

本和设备损耗均有很大的影响。

4. 校企合作建设

在校企合作方面,需要紧密联系与专业相关领域的企业,方便对工业机器人技术应用专业的专业课老师进行培训,强化专业课老师的技能,同时适当分配对不同专业领域感兴趣的学生。通过这些手段,学生的学习激情和实习激情能得到进一步的提升。

5. 教学管理机制建设

在教学管理方面,学生的管理主要体现在课堂和课后管理上。因此结合专业课的特点,实现课中和课后积分管理模式,严格实行精细化、可操作的中等职业学校学生综合素质评价,让学生体会到付出和收获成正比,鼓励和促进学生自主学习,提高课堂学习质量;激发教师的教学激情,提高教学质量和教师整体素质。

工业机器人专业典型工作任务与职业能力分析报告

一、工作领域

目前在汽车装配及零部件制造、机械加工、电子电气、橡胶及塑料、食品、木材与家具制造等行业中，工业机器人已越来越多地取代一线工人完成相关工作。随着工艺、应用技术的发展，能在物料搬运、码垛拆垛、弧焊、点焊、喷涂、自动装配、数控加工、去毛刺、打磨抛光等复杂工艺和恶劣工作环境下工作的工业机器人正在快速发展。

针对工业机器人技术应用行业企业的用工特点，我们梳理了工业机器人保养维护、工业机器人操作、工业机器人安装、工业机器人调试、工业机器人技术支持服务 5 个细分工作领域。

二、工作任务

1. 工业机器人保养维护工作任务

工业机器人保养维护工作任务包括：工业机器人的安全操作注意事项；示教器的使用；本体的一般性保养；控制柜的一般性保养；根据维护保养手册进行本体周期维护保养；根据维护保养手册进行控制柜周期维护保养；工业机器人的一般电气故障排除；工业机器人的一般机械故障排除；根据工艺要求调试工业机器人的控制程序；培养获取多型号、多品牌工业机器人新知识、新技能的意识和能力。

2. 工业机器人操作工作任务

工业机器人操作工作任务包括：工业机器人的安全操作流程；工业机器人开、关机；工业机器人的备份与恢复；机器人系统设备的安装布置图识读；机器人系统设备的电气原理图识读；工业机器人示教器的使用；工程程序创建；根据工艺要求调试工业机器人的控制程序；工业机器人典型工作任务之轨迹任务；工业机器人典型工作任务之搬运任务；工业机器人典型工作任务之码垛任务；工业机器人典型工作任务之装配任务；工业机器人典型工作任务之涂胶任务；工业机器人典型工作任务之检测排列任务；培养获取多型号、多品牌工业机器人新知识、新技能的意识和能力。

3. 工业机器人安装工作任务

工业机器人安装工作任务包括：对照验收清单清点、检查仪器设备；安装布置图的规划与绘制；电气原理图及接线图的识读；工业机器人零件图和装配图的识读；根据工艺要求按图施工，安装固定机器人本体；根据工艺要求按图施工，安装固定机器人控制柜；依据接线图连接电源—控制柜—本体电缆线路；正确、合理地使用工具；跟进非标准件或外协件加工，完成设备装配工作；简单的电路故障或机械故障的检查与排除；操作工业机器人；工业机器人工作站周边设备（触摸屏、PLC、伺服系统、视觉系统）的初步安装能力；培养获取多型号、多品牌工业机器人新知识、新技能的意识和能力。

4. 工业机器人调试工作任务

工业机器人调试工作任务包括：机器人系统的结构安装图和电气原理图的识读；机器人的零件图和装配图的绘制；正确、合理地使用工具；跟进非标准件或外协件加工，完成设备装配工作；按工艺要求布置并正确调试工业机器人；简单的电路故障或机械故障排除；操作运行工业机器人；工业机器人工作站周边设备的初步调试能力；根据工艺要求调试工业机器人的控制程序；培养获取多型号、多品牌工业机器人新知识、新技能的意识和能力。

5. 工业机器技术支持服务工作任务

工业机器技术支持服务工作任务包括：熟悉安全操作规程；与外协厂商协调，跟进非标件加工，协助安装人员完成装配调试工作；售前为客户提供一定的合理解决方案；售后能为客户解决常见的问题，协调安排维修技术人员；对工业机器人系统设备进行一般性维保；简单电路故障和机械故障排除；根据工艺要求调整工业机器人的控制程序；根据客户要求，装调机器人的初步能力；收集、查阅工业机器人技术资料和手册，对已完成的工作进行规范记录和存档；对工业机器人技术应用系统新的操作人员进行培训；气动液压设备基础应用能力；作为驻厂技术人员独立解决问题；企业生产管理基础；培养获取多型号、多品牌工业机器人新知识、新技能的意识和能力。

三、职业能力

通过对五大工业机器人工作领域进行梳理，确定了 62 个对应的工作任务；通过对这些典型工作任务的分析梳理确定了 344 项职业能力标准。工业机器人典型工作任务与职业能力分析见表 2.1。

表 2.1　工业机器人典型工作任务与职业能力分析

工作领域	工作任务及编号		职业能力标准及编号	
	编号	工作任务	编号	职业能力
（一）工业机器人保养维护	RW001	工业机器人的安全操作注意事项	NL001 NL002 NL003 NL004 NL005 NL006 NL007	1. 能严格遵守安全操作规程。a. 在进行工业机器人安装、维修、保养时切记要将总电源关闭；b. 得到停电通知时，要预先关断工业机器人的主电源及气源；c. 突然停电后，要在来电之前预先关闭工业机器人的主电源开关，并及时取下夹具上的工件。 2. 懂得工业机器人的工作范围。在调试或运行工业机器人时，保持足够的安全距离。 3. 知道静电放电危险标志并在有静电放电标志的场合做好静电防护。 4. 知道紧急停止按钮并清楚什么时候应该按下紧急停止按钮。 5. 知道灭火常识。知道什么时候灭火；会遇火灾的正确处置；二氧化碳灭火器的正确使用；切勿使用水或泡沫。

续表

工作领域	工作任务及编号		职业能力标准及编号	
	编号	工作任务	编号	职业能力
（一） 工业机器人 保养维护	RW001	工业机器人的安全操作注意事项	NL001 NL002 NL003 NL004 NL005 NL006 NL007	6.熟悉工作中的安全注意事项。a.如果在保护空间内有工作人员，请手动操作工业机器人系统；b.当进入保护空间时，请准备好示教器，以便随时控制工业机器人；c.注意旋转或运动的工具，例如切削工具和刀、锯，确保在接近工业机器人之前，这些工具已经停止运动；d.注意工件和工业机器人系统的高温表面，工业机器人电动机长期运转后温度很高；e.注意夹具并确保夹好工件，如果夹具打开，工件会脱落并导致人员伤害或设备损坏，夹具非常有力，如果不按照正确方法操作，也会导致人员伤害，工业机器人停机时，夹具上不应置物，必须空机；f.注意液压、气压系统以及带电部件。即使断电，这些电路上的残余电量也很危险。 7.熟悉并严格遵守以下安全守则：a.万一发生火灾，请使用二氧化碳灭火器；b.急停开关E-STOP不允许被短接；c.工业机器人处于自动模式时，任何人员都不允许进入其运动所及的区域；d.在任何情况下，不要使用工业机器人原始启动盘，应使用复制盘；e.工业机器人停机时，夹具上不应置物，必须空机；f.工业机器人在发生意外或运行不正常等情况下，均可使用E-STOP键，停止运行；g.因为工业机器人在自动状态下，即使运行速度非常低，其动量仍很大，所以在进行编程、测试及维修等工作时，必须将工业机器人置于手动模式；h.气路系统中的压力可达0.6 MPa，任何相关检修都要切断气源；i.在手动模式下调试工业机器人，如果不需要移动工业机器人时，必须及时释放使能器（Enable Device）；j.调试人员进入工业机器人工作区域时，必须随身携带示教器，以防他人误操作；k.在得到停电通知时，要预先关断工业机器人的主电源及气源；l.突然停电后，要赶在来电之前预先关闭工业机器人的主电源开关，并及时取下夹具上的工件；m.维修人员必须保管好工业机器人钥匙，严禁非授权人员在手动模式下进入工业机器人软件系统，随意翻阅或修改程序及参数

工作领域	工作任务及编号		职业能力标准及编号	
	编号	工作任务	编号	职业能力
（一） 工业机器人 保养维护	RW002	示教器的使用	NL008 NL009 NL010 NL011 NL012 NL013 NL014 NL015 NL016 NL017	1. 知道示教器的作用。 2. 能示教位置坐标。 3. 熟悉关于示教器的使用注意事项。a. 知道小心操作，不要摔打、抛掷或重击，这样会导致破损或故障，在不使用该设备时，将它挂到专门存放它的支架上，以防意外掉到地上；b. 知道示教器的使用和存放，应避免被人踩踏电缆；c. 切勿使用锋利的物体（例如螺钉、刀具或笔尖等）操作触摸屏，这样可能会使触摸屏受损，应用手指或触摸笔去操作示教器触摸屏；d. 会定期清洁触摸屏，灰尘和小颗粒可能会挡住屏幕造成故障；e. 切勿使用溶剂、洗涤剂或擦洗海绵清洁示教器，应使用软布蘸少量量水或中性清洁剂清洁；f. 知道没有连接 USB 设备时务必盖上 USB 端口的保护盖，如果端口暴露到灰尘中，易造成中断或发生故障。 4. 知道示教器上指示灯的含义。a. 常亮表示机器人已上电；b. 显示灯闪烁（1 Hz）表示机器人未上电；c. 显示灯急速闪烁（4 Hz）表示机器人未同步。 5. 知道示教器上的急停按钮的位置和作用。 6. 会正确使用示教器上的操作模式选择器。a. 自动模式，用于正式生产，编辑程序功能被锁；b. 手动限速模式，用于机器人编程测试；c. 手动全速模式，只允许专业人员在测试程序时使用。 7. 能正确使用使能器。 8. 能正确操作并使用三方向操作摇杆。 9. 能正确使用示教器上的物理按键。a. 会正确设置预设按键；b. 会使用机械单元、操纵模式、切换增量按键；c. 会使用程序控制按键：步退执行程序、执行执行程序、步进执行程序、停止执行程序；d. 会正确使用触摸笔。 10. 会 ABB 示教器上菜单的基本操作：HotEdit 菜单；FlexPendant Explorer 资源管理器；I/O 输入输出菜单；微动控制；Production Window 运行时窗口；Program Data 程序数据；Program Editor 程序编辑器；Backup and Restore 备份与恢复；Calibration 校准；Control Panel 控制面板；Event Log 事件日志；系统信息；Restart 重新启动；Log Off 注销

续表

工作领域	工作任务及编号		职业能力标准及编号	
	编号	工作任务	编号	职业能力
（一） 工业机器人 保养维护	RW003	工业机器人本体的一般性保养	NL018 NL019 NL020 NL021 NL022 NL023 NL024 NL025 NL026 NL027 NL028	1. 掌握关节轴的正方向定义。 2. 熟悉基坐标、大地坐标、工具坐标、工件坐标的定义和区别。 3. 熟悉工业机器人本体保养的准备工作。抹布一批、内六角一套、小型废油桶、小型加油泵、气枪、小型储存盒用于存放拆卸下的螺丝。 4. 了解 ABB 工业机器人的齿轮润滑油：Kyodo Yushi TMO150 油品。 5. 了解 ABB 工业机器人的齿轮润滑油：Mobilgear 600 XP 320 油品。 6. 掌握 ABB 工业机器人本体标准保养流程。 7. 熟悉工业机器人本体清洁流程。能对工业机器人外表面各个部件进行全面清洁。 8. 熟悉工业机器人本体及六轴工具端固定检查，检查是否有松动，螺丝划线是否对齐。 9. 熟悉各轴限位挡块的检查。明白不同型号的工业机器人有些 1、2、3、5 轴有限位挡块，查看挡块有无磨损及松动。4、6 轴无限位挡块，通过编码器识别转动位置进行限位及报警。 10. 熟悉电缆状态的检查。学会检查电缆有无磨损，如有应及时进行包扎或更换；工业机器人运动时，电缆有无跟工业机器人本体干涉，如有应及时进行调整。 11. 熟悉工业机器人本体密封状态的检查。能检查工业机器人本体齿轮箱、各加放油孔有无漏油、渗油现象
	RW004	控制柜的一般性保养	NL029 NL030 NL031 NL032 NL033	1. 知道备份/恢复的重要性。a. 重要数据可以存放在工业机器人存储器里面，也可以放在外部存储介质；b. 对工业机器人程序进行过改动，尤其是增加新零件、更换部件后，都需要在工业机器人存储器里做备份；c. 知道长期断电前或者程序做了大量改动后，需要在工业机器人存储器里进行备份，同时在外界存储介质上也做备份；d. 一般在 256 MB 的存储卡上存储不超过 10 个备份，1 GB 的存储卡不超过 40 个，以此比例类推。

续表

工作领域	工作任务及编号		职业能力标准及编号	
	编号	工作任务	编号	职业能力
（一）工业机器人保养维护	RW004	控制柜的一般性保养	NL029	2. 会工业机器人备份检查及磁盘空间整理。学会定时备份,保存工业机器人的程序、系统参数、系统模块等重要数据。
			NL030 NL031	3. 会工业机器人示教器功能检查。a. 会保养各个按钮进行功能试验,确保使能、动作、急停都起作用;b. 会对触摸屏进行保养,确保触屏准确良好。
			NL032	4. 能对控制柜进行一般性保养。会通电检查测试电源电压,测量工业机器人进线电压、驱动电压、电源模块电压,参考值分别为 380 V ± 15%、220 V ± 15%、24 V ± 15%。
			NL033	5. 能对接触器进行检查。将工业机器人打到手动状态,按下、松开电机使能键,会检查、判断接触器是否有动作,动作后是否接触良好
	RW005	根据维保手册进行本体周期维护保养	NL034	1. 掌握关节轴的正方向定义。
			NL035	2. 熟悉基坐标、大地坐标、工具坐标、工件坐标的定义和区别。
			NL036	3. 学会检查机械零位。a. 能查看工业机器人出厂零位偏移;b. 能查看示教器中的偏移值,查看方法:校准—ROB_1 校准—参数校准—编辑电机偏移值;c. 会对比工业机器人出厂零位偏移和示教器中的偏移值,若两偏移值之间小数点前三位相同即为正常,检查 1 次/年。
			NL037	
			NL038	4. 熟悉 SMB 检查。学会查看 SMB 硬件报警,若出现 SMB 电池报警则需更换 SMB 电池,若没有出现报警则无需更换,检查 1 次/月。
			NL039	5. 熟悉 SMB 电池更换流程及操作。a. 更换 SMB 电池前,先手动操纵分别将 1—6 轴回零位;b. 关闭工业机器人电源;c. 更换 SMB 电池。
			NL040	6. 掌握电机抱闸状态的检查。a. 动态检查:查看运动坐标是否准确,是否出现刹车不及时等状况;b. 静态检查:查看静止时工业机器人本体是否有晃动等状况。
			NL041	
			NL042	7. 会检查电机噪声。在电机低速运转时,会耳听各轴电机是否有异响。

续表

工作领域	工作任务及编号		职业能力标准及编号	
	编号	工作任务	编号	职业能力
（一） 工业机器人 保养维护	RW005	根据维保手册进行本体周期维护保养	NL034	
			NL035	
			NL036	8.熟悉工业机器人本体排油的操作。a.调整工业机器人状态以方便排油、加油；b.拆下工业机器人后面盖板；c.拆下对应轴的排油管固定螺丝；d.先打开加油口，再准备好废油桶接油，然后拆下排油管的密封堵头进行排油，排油大约需要30 min，其间可进行其他轴排油、加油操作。
			NL037	
			NL038	
			NL039	9.熟悉工业机器人本体加注油的操作。a.将排油口密封堵头堵上；b.打开油液观察窗和加油口；c.在加油口进行加油，直至油液观察窗有油溢出为止；d.将油液观察窗和加油口的密封螺母重新上紧密封。
			NL040	
			NL041	
			NL042	
	RW006	根据维保手册进行控制柜周期维护保养	NL043	1.能根据维保手册知道配电柜周期性保养的流程。 2.知道正确的断电检查步骤：重新启动—高级—关机。 3.熟悉控制柜各部件牢固性检查。关机后必须带上电柜内的防静电手环；会用手指以轻微力碰触电柜内的各元器件，查看是否有松动；一般1次/3月。
			NL044	
			NL045	4.学会示教器的清洁。关机后用抹布蘸少量清洗剂或TMO150油对示教器和示教器与电柜之间的连接电缆进行清洁；一般1次/1月。
			NL046	5.会清洁控制柜。关机后，打开控制柜门，用气枪除尘，注意气量不要太大；一般1次/1月。
			NL047	6.懂得检查控制柜散热风扇。关机后，关闭控制柜门，取下控制柜后盖板，除尘前注意确认好附近的板件及模具是否会被粉尘污染，直接用气枪除尘，控制柜为密封柜，柜门关闭后不必担心粉尘进入柜内。除尘后，拨动散热风扇，观察风扇转动是否灵活；若风扇卡死需及时更换同型号风扇，随后给控制柜上电，观察风扇的运转状态，如无异常，关机后再安装回后盖板
			NL048	

工作领域	工作任务及编号		职业能力标准及编号	
	编号	工作任务	编号	职业能力
（一） 工业机器人 保养维护	RW007	工业机器人的一般电气故障排除	NL049 NL050 NL051 NL052 NL053 NL054 NL055 NL056 NL057	1. 熟悉低压控制电器的基本连接操作与规范。 2. 熟悉低压断路器的电气原理图、接线图的识读及接线、调试、排故。 3. 熟悉接触器的电气原理图、接线图的识读及接线、调试、排故。 4. 熟悉继电器的电气原理图、接线图的识读及接线、调试、排故。 5. 熟悉按钮的电气原理图、接线图的识读及接线、调试、排故。 6. 熟悉电磁阀的电气原理图、接线图的识读及接线、调试、排故。 7. 熟悉常见电动机及伺服驱动器的安装、连接与调试、排故。 8. 熟悉工业机器人电气控制柜的布置原则与安装实训。 9. 掌握工业机器人常用电气安装与调试综合实训
	RW008	工业机器人的一般机械故障排除	NL058 NL059 NL060 NL061 NL062 NL063 NL064 NL065	1. 明白工业机器人按照故障的发生发展过程分为两类：突发性故障、渐发性故障。 2. 熟悉工业机器人按照故障的自然规律分为两类：自然故障、人为故障。 3. 明白引起故障的三大因素：环境因素、人为因素、时间因素。 4. 熟悉工业机器人机械系统的磨损与润滑基础知识：知道机械磨损的种类、知道润滑的种类。 5. 熟悉工业机器人机械系统维护保养的基础知识。a. 知道机械零件的失效和机械故障；b. 知道机械故障的消除修复方法；c. 明白机械部件的拆卸、装配、清洗和检验；d. 知道转子的平衡要求。 6. 熟悉轴承部件的维护要点。a. 熟悉滚动轴承的安装和拆卸；b. 熟悉滚动轴承的润滑和密封；c. 知道轴承的检修和轴承部件的保养；d. 了解滚动轴承的简易诊断。 7. 熟悉减速机的基本原理和维护要点。 8. 熟悉机械密封泄漏的原因及其处理措施

续表

工作领域	工作任务及编号		职业能力标准及编号	
	编号	工作任务	编号	职业能力
（一） 工业机器人 保养维护	RW009	根据工艺要求调试工业机器人的控制程序	NL066	1. 会进入操纵界面。将工业机器人操作模式置于手动限速模式,点击【ABB】选择【手动操纵】。
			NL067	2. 熟练设置并手动操纵工业机器人。a. 能在【手动操纵】界面根据提示完成轴运动、线性运动;b. 知道重定位运动(操纵杆可45°方向操作,动作开始后会有滞后和加速延时,不要频繁用力扳动操纵杆)。
			NL068	
			NL069	3. 掌握关节轴的正方向定义。
			NL070	4. 熟悉基坐标、大地坐标、工具坐标、工件坐标的定义和区别。
			NL071	5. 会自定义工具坐标系。新建工具—定义工具—选择定义方法(N点法、TCP + Z 法、TCP + ZX 法)—修改重量。
			NL072	
			NL073	
			NL074	6. 了解 RAPID 应用程序结构。 7. 会对程序进行备份恢复。 8. 会对模块、例行程序进行操作。
			NL075	9. 会正确存储程序文件。a. 知道程序是以目录的形式保存目录名(可带工件编号或日期以便识别);b. 知道程序保存的路径。
			NL076	10. 会对已有程序进行添加指令、编辑指令、插入指令、修改变量、设置目标点等操作。
			NL077	11. 会对程序进行调试。a. 知道程序指针 PP 是指当前打算运行的指令;b. 知道动作指针 MP 是指机器人正在执行的指令;c. 知道光标可表示一个完整的指令或一个数据;d. 知道【调试】菜单中的一些选项可快速定位 PP、MP 或光标;e. 知道【调试】菜单中的【检查程序】可用于检查语法错误。
			NL078	
			NL079	
			NL080	12. 会调用例行程序。【添加指令】中【COMMON】下的【ProcCall】可以插入一个调用所选例行程序的指令。
			NL081	
			NL082	
			NL083	13. 会使用输入、输出信号指令 Set、Reset。
			NL084	14. 掌握运动指令 MoveC、MoveJ、MoveL 的特点和使用。
			NL085	15. 知道等待指令 WaitDI、WaitTime。 16. 知道条件判断 IF 指令、FOR 指令。
			NL086	17. 会查看信号状态。

工作领域	工作任务及编号		职业能力标准及编号	
	编号	工作任务	编号	职业能力
（一） 工业机器人 保养维护	RW009	根据工艺要求调试工业机器人的控制程序		18. 知道 I/O 板 DSQC651、DSQC652 的定义、异同。 19. 知道根据 I/O 板上跳线设置板的地址。 20. 会设置 ABB 机器人的 I/O 板数字量。a. 定义 I/O 板总线 BUS；b. 定义 I/O 板 Unit；c. 定义 I/O 板 Signal；d. 定义 I/O 板 System Input、System Output、Cross Connection。 21. 会添加输入、输出信号。a. Name 信号的名称；b. Type of Signal 选择信号的类别；c. Assigned to Unit 选择信号所在的板；d. Unit Mapping 信号对应的物理端口号（要点：编码从 0 开始，D651 板的 2 路 AO 分别占用 0 ~ 15 号、16 ~ 31 号输出端口，所以第 1 个 DO 的端口号为 32。D651、D652 的第 5 个 DI 端口号均为 4。D652 的第 10 个 DO 端口号为 9）
	RW010	培养获取多型号多品牌工业机器人新知识、新技能	NL087 NL088 NL089	1. 会收集 ABB、发那科、库卡、安川电机中的某一型号的工业机器人技术资料。 2. 会收集华数、汇川、新松、埃斯顿、新时达、埃夫特、广数、李群自动化中的某一型号的工业机器人技术资料。 3. 能阅读工业机器人的操作员手册
（二） 工业机器人 操作	RW011	工业机器人的安全操作流程	NL090 NL091 NL092	1. 懂得示教前的安全规定。会检查工业机器人本体、控制柜等设备的完整程度；会目检工业机器人系统和安全防护空间，确保不存在产生危险的外界条件；知道示教操作开始前，应排除故障和失效；编程时，应关断工业机器人驱动器不需要的动力；熟悉示教人员进入工作区域前，所有的安全防护装置应确保在位并能够正确运行；确认急停键是否正常；知道若出现任何异常情况，均应停止操作。 2. 懂得示教安全规定。示教期间仅允许示教编程人员在防护空间内，其他人员禁止入内；清楚示教时，操作者要确保自己有足够的空间后退，并且后退空间没有障碍物，禁止依靠示教；禁止戴手套操作示教盒，避免误操作；操作工业机器人时，确保工业机器人的运动空间内没有人员；示教期间，工业机器人运动只能受示教装置控制；示教期间，如果防护空间

续表

工作领域	工作任务及编号		职业能力标准及编号	
	编号	工作任务	编号	职业能力
（二） 工业机器人 操作	RW011	工业机器人的 安全操作流程	NL093	内部有多台工业机器人,应保证示教其中一台时,另外的工业机器人均处于切断使用的状态;若在安全防护空间内有多台工业机器人,而栅栏的连锁门开着或现场传感装置失去作用时,所有的工业机器人都应禁止进行自动操作;工业机器人系统中所有的急停装置都应保持有效;示教时,工业机器人运动速度应低于250 mm/s;在工业机器人等设备动作范围内进行示教作业时,在动作范围之外要有人进行监护,并站在控制柜旁随时准备拍急停;示教人员应保持从正面观察工业机器人进行示教的姿态,看着示教点,手动示教;示教人员应预先选择好退避场所和退避途径;示教人员离开示教场地时,必须关闭工作站电源,防止其他工作人员误操作伤人;在启动工业机器人系统进行自动操作前,示教人员应将暂停使用的安全防护装置功效恢复。
			NL094	3. 知道其他关于示教的安全规定。示教人员离开场地时,要将示教数据存储记录好,然后关闭工作站电源,防止其他工作人员误操作伤人;示教过程中如果需短时间离开场地,应放置警告标志,并将急停等按钮按下,保证所有设备停止运行;中断示教时,为确保安全,应按下紧急停止按钮,保证所有设备停止运行;示教完成后,应核对每个示教点是否准确,防止运行之后出现不必要的问题;示教完成后,将工业机器人切换至自动运行模式,进行自动运行前,应检查所有的防护措施是否有效,务必保证全部有效;示教完成后,需要运行程序时,应再跟踪示教一遍,确认动作后再使用程序;要解除紧急停止,必须先查明原因;在使用操作面板和示教盒作业时,严禁戴手套操作。 4. 知道自动运行的安全规定。预期的安全防护装置都在原位,并且全部有效;在开始执行前,确保人员处于安全区域内;操作者要在工业机器人运行的最大范围外;保持从正面观看工业机器人,确保发生紧急情况时有安全退路;开始运行之前,应保证其他设备均处于安全位置,例如电线等处于线槽中,示教器处于安全位置等;示教编程使用

续表

工作领域	工作任务及编号		职业能力标准及编号	
	编号	工作任务	编号	职业能力
（二） 工业机器人 操作	RW011	工业机器人的 安全操作流程		后,一定要放回原来的位置;操作者在工业机器人运行的最大范围之外,手要放在急停按钮上,随时准备拍下急停;运行时速度应注意从慢逐渐到快,应从最慢的速度开始运行,观察运行路径是否有问题;在自动运行时严禁人员进入工业机器人设备的动作范围内。 5.知道关于程序验证安全规定。程序验证时,确认工业机器人的编程路径及处理性能与应用时所期望的路径和处理性能是否一致;验证可以是程序路径的全部或一段;程序验证的人员应尽可能在安全防护空间外执行;程序验证必须在工业机器人运动速度低于 250 mm/s 时进行,除工业机器人的运行控制仅适用握持—运行装置或使能装置外,还应满足前4点安全规定;当要求工业机器人的运行速度超过 250 mm/s,检验人员在安全防护空间内检查已编程的作业任务和其他设备相互配合关系时,第一个循环应采用低于 250 mm/s 的速度进行,然后仅有编程人员用键控开关谨慎地操作,分步增加速度;安全防护空间内的工作人员,应使用使能装置或与其他安全级别等效的其他装置;应建立安全工作步骤使在安全防护空间内的人员的危险减至最小
	RW012	工业机器人开 关机	NL095 NL096	1.掌握工业机器人正确的开机顺序。 2.掌握工业机器人正确的关机顺序
	RW013	工业机器人的 备份与恢复	NL097 NL098 NL099 NL101 NL102	1.会备份工业机器人的系统参数数据。 2.会备份工业机器人的用户程序文件。 3.会恢复工业机器人的系统参数数据。 4.会恢复工业机器人的用户程序文件。 5.熟悉 RobotStudio 软件的设置和 ABB 工业机器人系统重装
	RW014	机器人系统设 备的安装布置 图识读	NL103 NL104 NL105	1.知道工业机器人设备的安装布置图。 2.会识读工业机器人设备的安装布置图。 3.能模仿绘制工业机器人设备的安装布置图
	RW015	机器人系统设 备的电气原理 图识读	NL106 NL107 NL108	1.知道工业机器人设备的电气原理图。 2.会识读工业机器人设备的电气原理图。 3.能模仿绘制工业机器人设备的电气原理图

续表

工作领域	工作任务及编号		职业能力标准及编号	
	编号	工作任务	编号	职业能力
（二） 工业机器人操作	RW016	工业机器人示教器的使用	NL109 NL110 NL111 NL112	1.知道示教器的作用。 2.熟悉RobotStudio虚拟示教器的面板功能。 3.熟悉真实工业机器人示教器实物的使用。 4.会用示教器对工业机器人进行示教
	RW017	工程程序创建	NL113 NL114 NL115	1.能创建工程程序。 2.会重命名工程程序。 3.能修改工程程序文件中的程序参数
	RW018	根据工艺要求调试工业机器人的控制程序	NL116 NL117 NL118 NL119	1.熟悉工业机器人的常用基本指令：MoveAbsJ、MoveC、MoveJ、MoveL、Set等。 2.会建立工程中的点位坐标，并根据已有程序示教点位参数。 3.会根据已有程序修改I/O端口。 4.会根据已有程序优化程序指令和修改相关参数
	RW019	工业机器人典型工作任务一轨迹任务	NL120 NL121 NL122 NL123 NL124 NL125 NL126	1.能读懂工业机器人轨迹任务的任务描述。 2.能根据任务要求合理运用工具安装所需夹具及模型平台。 3.会根据任务要求制定工艺流程图。 4.能有一定的编程思路，能规划工业机器人需要用到的点位。 5.会根据I/O表确定本次任务所需要的输入、输出设备和线路。 6.能模仿编写工业机器人轨迹任务的初始化子程序、回原点子程序、轨迹子程序。 7.会模仿手动调试轨迹程序，最终逐步完成自动调试程序
	RW020	工业机器人典型工作任务二搬运任务	NL127 NL128 NL129 NL130 NL131 NL132 NL133	1.能读懂工业机器人搬运任务的任务描述。 2.能根据任务要求合理运用工具并安装所需夹具及模型平台。 3.会根据搬运任务要求制订工艺流程图。 4.能有一定的编程思路，能规划工业机器人需要用到的点位。 5.会根据I/O表确定搬运任务所需要的输入、输出设备和线路。 6.能模仿编写工业机器人搬运任务的初始化子程序、回原点子程序、轨迹子程序、执行搬运子程序。 7.会模仿手动调试搬运程序，最终逐步完成自动调试程序

续表

工作领域	工作任务及编号		职业能力标准及编号	
	编号	工作任务	编号	职业能力
（二） 工业机器人操作	RW021	工业机器人典型工作任务三码垛任务	NL134 NL135 NL136 NL137 NL138 NL139 NL140	1. 能读懂工业机器人码垛任务的任务描述。 2. 能根据码垛任务要求,合理运用工具并安装所需夹具及模型平台。 3. 会根据码垛任务要求制订工艺流程图。 4. 有一定的编程思路,能规划工业机器人需要用到的点位。 5. 会根据 I/O 表确定本次任务所需要的输入、输出设备和线路。 6. 能模仿编写工业机器人码垛任务的初始化子程序、回原点子程序、码垛子程序。 7. 会模仿手动调试码垛程序,最终逐步完成自动调试程序
	RW022	工业机器人典型工作任务四装配任务	NL141 NL142 NL143 NL144 NL145 NL146 NL147	1. 能读懂工业机器人装配任务的任务描述。 2. 能根据装配任务要求合理运用工具并安装所需夹具及模型平台。 3. 会根据装配任务要求制订工艺流程图。 4. 有一定的编程思路,能规划工业机器人需要用到的点位。 5. 会根据 I/O 表确定本次任务所需要的输入、输出设备和线路。 6. 能模仿编写工业机器人装配任务的初始化子程序、回原点子程序、装配子程序。 7. 会模仿手动调试装配任务程序,最终逐步完成自动调试程序
	RW023	工业机器人典型工作任务五涂胶任务	NL148 NL149 NL150 NL151 NL152 NL153 NL154	1. 能读懂工业机器人涂胶任务的任务描述。 2. 能根据涂胶任务要求,合理运用工具并安装所需夹具及模型平台。 3. 会根据涂胶任务要求制订工艺流程图。 4. 有一定的编程思路,能规划工业机器人需要用到的点位。 5. 会根据 I/O 表确定本次任务所需要的输入、输出设备和线路。 6. 能模仿编写工业机器人涂胶任务的初始化子程序、回原点子程序、涂胶子程序。 7. 会模仿手动调试涂胶任务程序,最终逐步完成自动调试程序

续表

工作领域	工作任务及编号		职业能力标准及编号	
	编号	工作任务	编号	职业能力
（二） 工业机器人操作	RW024	工业机器人典型工作任务六检测排列任务	NL155 NL156 NL157 NL158 NL159 NL160 NL161	1. 能读懂工业机器人检测排列任务的任务描述。 2. 能根据检测排列任务要求,合理运用工具并安装所需夹具及模型平台。 3. 会根据检测排列任务要求制订工艺流程图。 4. 有一定的编程思路,能规划工业机器人需要用到的点位。 5. 会根据 I/O 表确定本次任务所需要的输入、输出设备和线路。 6. 能模仿编写工业机器人检测排列任务的初始化子程序、回原点子程序、检测排列子程序。 7. 会模仿手动调试检测排列任务程序,最终逐步完成自动调试程序
	RW025	培养获取多型号多品牌工业机器人新知识、新技能的意识和能力。	NL162 NL163 NL164 NL165	1. 能收集 ABB、发那科、库卡、安川电机中的某一型号的工业机器人技术资料。 2. 会收集华数、汇川、新松、埃斯顿、新时达、埃夫特、广数、李群自动化中的某一型号的工业机器人技术资料。 3. 能阅读工业机器人的操作员手册。 4. 知道查阅相关工业机器人维保手册
（三） 工业机器人安装	RW026	对照验收清单清点检查仪器设备	NL166 NL167 NL168 NL169 NL170	1. 能看懂工业机器人的验收清单。 2. 能根据验收清单对照识别仪器设备。 3. 能根据验收清单理清仪器设备。 4. 会根据验收清单清理工具器材。 5. 明确验收环节的重要性
	RW027	施工平面布置图的规划与绘制	NL171 NL172 NL173 NL174 NL175	1. 知道合理规划施工平面布置图的重要性。 2. 知道规划施工平面布置图的设计依据:施工组织设计文件及原始资料;用地和建筑平面图;已有和拟建地上、地下管道布置资料;建筑区域的竖向设计资料;现有房屋场地的可利用设施状况;场地的自然环境;安全与文明施工标准。 3. 知道施工平面布置图的设计原则:通过施工平面布置图设计能使工程现场布局合理、功效提高、成本降低,为保证质量、安全生产及文明施工生产创造条件。

工作领域	工作任务及编号		职业能力标准及编号	
	编号	工作任务	编号	职业能力
（三） 工业机器人 安装	RW027	施工平面布置图的规划与绘制		4. 识别安装施工平面布置图的实物器件。 5. 绘制简易安装施工平面布置图:给定工业机器人设备、场地、环境等因素模拟实战
	RW028	电气原理图及接线图的识读	NL176 NL177 NL178 NL179	1. 知道电气原理图的规范、形制和作用。 2. 知道接线图的规范、形制和作用。 3. 初步识读工业机器人电气原理图。 4. 初步识读工业机器人电气接线图
	RW029	机器人零件图和装配图的识读	NL180 NL181 NL182 NL183 NL184	1. 知道机械零件图的特点、形制和作用。 2. 知道机械装配图的特点、形制和作用。 3. 初步识读工业机器人零件图。 4. 初步识读工业机器人装配图。 5. 初步绘制简单零件图纸
	RW030	根据工艺要求按图施工安装固定机器人本体	NL185 NL186 NL187 NL188 NL189 NL190	1. 知道工业机器人本体的基本结构。 2. 知道工业机器人本体部件的安装基本顺序。 3. 了解工业机器人本体的1、2、3轴的拆解。 4. 了解工业机器人本体的4、5、6轴的拆解。 5. 了解工业机器人本体的1、2、3轴的安装。 6. 了解工业机器人本体的4、5、6轴的安装
	RW031	根据工艺要求按图施工安装固定机器人控制柜	NL191 NL192 NL193 NL194	1. 知道配电柜的基本结构和作用。 2. 知道配电柜中的元器件。 3. 能理清配电柜中典型控制线路。 4. 能按图施工完成配电柜的安装实例
	RW032	依据接线图连接电源控制柜本体电缆线路	NL195 NL196 NL197 NL198	1. 知道线缆的基本特点和作用。 2. 知道线缆的线路定义。 3. 能理清控制柜至示教器、控制柜至本体间线缆。 4. 能按图施工完成基本的线路连接
	RW033	正确合理使用工具	NL199 NL200 NL201 NL202	1. 正确使用基本电工工具(螺丝刀、尖嘴钳、电笔等)。 2. 正确使用内六角扳手成套工具。 3. 正确使用固定扳手和活络扳手工具。 4. 正确使用常见仪表

续表

工作领域	工作任务及编号		职业能力标准及编号	
	编号	工作任务	编号	职业能力
（三）工业机器人安装	RW034	跟进非标准件或外协件加工，完成设备装配工作	NL203 NL204 NL205 NL206 NL207	1. 知道夹具的作用和基本特点。 2. 熟悉真空吸盘和真空发生器的特点和基本工作原理。 3. 熟悉真空吸盘夹具的部件组装和夹具，并安装到法兰盘上。 4. 熟悉夹持气缸的特点和基本工作原理。 5. 熟悉夹持气缸夹具的部件组装并安装到法兰盘上
	RW035	简单的电路故障或机械故障的检查与排除	NL208 NL209 NL210 NL211	1. 熟悉常见电路故障（电源供电故障、线路开路、不开机）的特征及正确处置方法。 2. 熟悉利用控制板 LED 指示灯诊断、排除电路故障。 3. 熟悉利用常见故障代码诊断排除故障：50296 SMB 内存差异；20032 转数计数器未更新；38103 与 SMB 的通信中断；50057 关节未同步；20252 电机温度高；34316 电机电流错误；37001 电机开启接触器错误；50204 动作监控；50056 关节碰撞。 4. 熟悉基本的机械故障（干涉、卡滞）及其正确的处理方法
	RW036	操作工业机器人	NL212 NL213 NL214 NL215 NL216	1. 牢记操作工业机器人的安全注意事项：操作上下料机器人之前，一定要注意检查电器控制箱是否有水、油进入，若电器受潮，切勿开机，并且要检查供电电压是否符合要求，前后安全门开关是否正常；验证电动机转动方向是否一致，然后打开电源；在工业机器人需要拆除的时候，按照顺序关闭负载电源、机械手电源、机械手气源。 2. 牢记工业机器人作业时，操作人员需注意的要点：操作者必须检查工业机器人是否在原点位置，严禁不在原点位置启动工业机器人；在工业机器人示教过程与运行过程中，必须确认工业机器人动作范围内没有闲杂人员。 3. 工业机器人运行过程中，需停下来时，牢记正确的处置方式：可按外部急停按钮、暂停按钮、示教盒上的急停按钮。如需继续工作，可按复位按钮让工业机器人继续工作。

工作领域	工作任务及编号		职业能力标准及编号	
	编号	工作任务	编号	职业能力
（三）工业机器人安装	RW036	操作工业机器人		4.知道当发生故障或报警时,请把报警代码和内容记录下来,以便技术人员解决问题。 5.牢记作业结束后,必须关闭电源、关闭气阀、清理设备、整理现场
	RW037	工业机器人工作站周边设备的初步安装能力（触摸屏、PLC、伺服系统、视觉系统）	NL217 NL218 NL219 NL220 NL221 NL222 NL223 NL224	1.熟悉至少一种触摸屏的安装和线路连接。 2.熟悉至少一种触摸屏的基本使用。 3.熟悉至少一种PLC的安装和线路连接。 4.熟悉至少一种PLC的基本使用。 5.熟悉伺服系统的安装、组成和线路连接。 6.了解伺服系统的基本原理。 7.熟悉至少一种视觉识别系统的安装和线路连接。 8.熟悉至少一种视觉识别系统的基本使用
	RW038	培养获取多型号多品牌工业机器人新知识、新技能的意识和能力	NL225 NL226 NL227 NL228	1.能收集ABB、发那科、库卡、安川电机中的某一型号的工业机器人技术资料。 2.会收集华数、汇川、新松、埃斯顿、新时达、埃夫特、广数、李群自动化中的某一型号的工业机器人技术资料。 3.能阅读工业机器人的操作员手册。 4.知道查阅相关工业机器人维保手册
（四）工业机器人调试	RW039	机器人系统的结构安装图和电气原理图识读	NL229 NL230 NL231 NL232	1.识读机器人系统基础的结构安装图。 2.识读机器人系统基础的电气原理图。 3.仿照绘制基础的结构安装图。 4.仿照绘制基础的电气原理图
	RW040	机器人的零件图和装配图的绘制	NL233 NL234 NL235 NL236	1.识读基础的零件图。 2.识读基础的装配图。 3.仿照绘制基础的零件图。 4.仿照绘制基础的装配图
	RW041	正确合理使用工具	NL237 NL238 NL239 NL240	1.正确使用基本电工工具(螺丝刀、尖嘴钳、电笔等)。 2.正确使用内六角扳手成套工具。 3.正确使用固定扳手和活络扳手工具。 4.正确使用常见仪表

续表

工作领域	工作任务及编号		职业能力标准及编号	
	编号	工作任务	编号	职业能力
（四）工业机器人调试	RW042	跟进非标准件或外协件加工，完成设备装配工作	NL241 NL242 NL243 NL244 NL245	1. 知道夹具的作用和基本特点。 2. 熟悉真空吸盘和真空发生器的特点和基本工作原理。 3. 熟悉真空吸盘夹具的部件组装和夹具，并安装到法兰盘上。 4. 熟悉夹持气缸的特点和基本工作原理。 5. 熟悉夹持气缸夹具的部件组装并安装到法兰盘上
	RW043	按工艺要求布置并正确调试工业机器人	NL246 NL247 NL248 NL249 NL250 NL251	1. 了解工业机器人的组成、特点。 2. 了解工业机器人的整体结构布局。 3. 了解工业机器人的机械结构的要求。 4. 熟悉 RV 减速器、谐波减速器、螺旋伞齿轮传动、工业机器人手臂的平衡系统等。 5. 熟悉工业机器人机械装配常用工具、测量仪器。 6. 熟悉工业机器人装配流程
	RW044	简单的电路故障、机械故障排除	NL252 NL253 NL254 NL255 NL256 NL257 NL258 NL259	1. 深化安全教育并熟悉工业机器人的电气安全知识。 2. 熟悉工业机器人的电气工作原理。 3. 熟悉工业机器人的日常维护。 4. 熟悉常用电工工具和常用电工仪器仪表。 5. 熟悉常用电气元件、气动元件。 6. 熟悉工业机器人电气装配工艺。 7. 熟悉工业机器人电气控制电路的基本原理。 8. 熟悉工业机器人系统与驱动故障的基本处理方法
	RW045	操作运行工业机器人	NL260 NL261 NL262 NL263	1. 掌握操作工业机器人的事前注意事项。 2. 掌握操作工业机器人的事中注意事项。 3. 掌握操作运行工业机器人的基本流程。 4. 掌握操作工业机器人的事后注意事项
	RW046	工业机器人工作站周边设备的初步调试能力	NL264 NL265 NL266 NL267	1. 初步了解工业机器人系统和 PLC 联调联试。 2. 初步了解工业机器人系统和触摸屏及 PLC 联调联试。 3. 初步了解工业机器人的伺服系统。 4. 初步了解工业机器人系统和视觉识别系统联调联试

工作领域	工作任务及编号		职业能力标准及编号	
	编号	工作任务	编号	职业能力
（四） 工业机器人 调试	RW047	根据工艺要求调试工业机器人的控制程序	NL268 NL269	1. 了解工业机器人的基本控制程序。 2. 练习根据任务要求修改调试工业机器人的控制程序
	RW048	培养获取多型号多品牌工业机器人新知识、新技能的意识和能力	NL270	1. 能收集 ABB、发那科、库卡、安川电机中的某一型号的工业机器人技术资料。
			NL271	2. 会收集华数、汇川、新松、埃斯顿、新时达、埃夫特、广数、李群自动化中的某一型号的工业机器人技术资料。
			NL272	3. 能阅读工业机器人的操作员手册。
			NL273	4. 知道查阅相关工业机器人维保手册
（五） 工业机器人 技术支持服务	RW049	熟悉安全操作规程	NL274	1. 能严格遵守安全操作规程。a. 在进行工业机器人的安装、维修、保养时，切记要将总电源关闭；b. 得到停电通知时，要预先关断工业机器人的主电源及气源；c. 突然停电后，要在来电之前预先关闭工业机器人的主电源开关，并及时取下夹具上的工件。
			NL275	2. 懂得工业机器人的工作范围。在调试或运行工业机器人时，保持足够安全距离。
			NL276	3. 知道静电放电危险标志并在有静电放电标志时做好静电防护。
			NL277	4. 知道紧急停止按钮并清楚什么时候应该按下紧急停止按钮。
			NL278	5. 知道灭火常识。知道什么时候灭火；会遇火灾的正确处理；二氧化碳灭火器的正确使用；切勿使用水或泡沫。
			NL279	6. 熟悉工作中的安全注意事项。a. 如果在保护空间内有工作人员，请手动操作工业机器人系统；b. 当进入保护空间时，请准备好示教器，以便随时控制机器人；c. 注意旋转或运动的工具，例如切削工具和刀、锯，确保在接近机器人之前，这些工具已经停止运动；d. 注意工件和工业机器人系统的高温表面，工业机器人电动机长期运转后温度很高；e. 注意夹具并确保夹好工件，如果夹具打开，工件会脱落并导致人员伤害或设备损坏，夹具非常有力，如果不按照正确方法操作，也会导致人员伤害，工业机器人停机时，夹具上不应置物，必须
			NL280	空机；f. 注意液压、气压系统以及带电部件，即使断电，这些电路上的残余电量也很危险。

续表

工作领域	工作任务及编号		职业能力标准及编号	
	编号	工作任务	编号	职业能力
（五）工业机器人技术支持服务	RW049	熟悉安全操作规程		7. 熟悉并严格遵守以下安全守则。万一发生火灾,请使用二氧化碳灭火器;急停开关 E-STOP 不允许被短接;工业机器人处于自动模式时,任何人都不允许进入其运动所及的区域;在任何情况下,不要使用工业机器人原始启动盘,应使用复制盘;工业机器人停机时,夹具上不应置物,必须空机;工业机器人在发生意外或运行不正常等情况下,均可使用 E-STOP 键,停止运行;因为工业机器人在自动状态下,即使运行速度非常低,其动量仍很大,所以在进行编程、测试及维修等工作时,必须将工业机器人置于手动模式;气路系统中的压力可达 0.6 MP,任何相关检修都要切断气源;在手动模式下调试工业机器人,如果不需要移动工业机器人时,必须及时释放使能器（Enable Device）;调试人员进入工业机器人工作区域时,必须随身携带示教器,以防他人误操作;在得到停电通知时,要预先关断工业机器人的主电源及气源;突然停电后,要赶在来电之前预先关闭工业机器人的主电源开关,并及时取下夹具上的工件;维修人员必须保管好工业机器人钥匙,严禁非授权人员在手动模式下进入工业机器人软件系统,随意翻阅或修改程序及参数
	RW050	与外协厂商协调、跟进非标件加工。协助安装人员完成装配调试工作	NL281 NL282 NL283 NL284	1. 知道如何参与完善外协加工件到货验收工作。 2. 知道完善外协加工件相关的图纸绘制工作及相关设施台账建立工作。 3. 知道外协加工件的到货验收工作及相关安装工作。 4. 协调根据设计图纸,施工标准有关技术文件和技术检验标准,规范组织基础施工和安装调试试车工作

工作领域	工作任务及编号		职业能力标准及编号	
	编号	工作任务	编号	职业能力
（五） 工业机器人 技术支持服务	RW051	售前为客户提供一定的合理解决方案	NL285 NL286	1. 了解工业机器人售前解决方案的种类:项目建议书、项目解决方案、项目投标书。 2. 知道工业机器人售前服务:协助公司提供专业咨询;提供目标客户需要的工业机器人详细资料;协调公司提供合理报价;协调公司提供考察接待
	RW052	售后能为客户解决常见的问题。协调安排维修技术人员	NL287 NL288 NL289 NL290 NL291 NL292 NL293 NL294	1. 知道工业机器人常见问题之机械本体维护:1、2、3轴漏油;5、6轴皮带磨损;伺服电机编码器电池;本体定期保养。 2. 知道工业机器人常见问题之控制器维护:六轴脉冲控制信号异常;控制卡在潮湿环境下进油污故障;示教器通信线松动。 3. 知道工业机器人常见问题之示教器:示教器操作按钮损坏;示教器进油污;示教器航空插针损坏;示教器死机黑屏蓝屏。 4. 知道工业机器人常见问题之电控箱:开关电源损坏;电控箱接地不良;I/O 点烧毁;I/O 板松动。 5. 知道正确校正原点。 6. 知道正确松开电机抱闸操作。 7. 知道建立用户坐标系基本操作
	RW053	对工业机器人系统设备一般性维保	NL295 NL296	1. 会工业机器人本体的一般性维护保养。 2. 会控制柜的一般性维护保养
	RW054	简单电路故障和机械故障排除	NL297 NL298 NL299 NL300 NL301 NL302 NL303 NL304	1. 深化安全教育并熟悉工业机器人的电气安全知识。 2. 熟悉工业机器人的电气工作原理。 3. 熟悉工业机器人的日常维护。 4. 熟悉常用电工工具和常用电工仪器仪表。 5. 熟悉常用电气元件、气动元件。 6. 熟悉工业机器人电气装配工艺。 7. 熟悉工业机器人电气控制电路的基本原理。 8. 熟悉工业机器人系统与驱动故障的基本处理方法

续表

工作领域	工作任务及编号		职业能力标准及编号	
	编号	工作任务	编号	职业能力
（五） 工业机器人 技术支持服务	RW055	根据工艺要求调整工业机器人的控制程序	NL305 NL306	1. 了解工业机器人的基本控制程序。 2. 练习根据任务要求修改调试工业机器人的控制程序
	RW056	根据客户要求，装调工业机器人的初步能力	NL307 NL308 NL309 NL310 NL311 NL312 NL313 NL314 NL315	1. 在手动模式下调试工业机器人，如果不需要移动工业机器人时，必须及时释放使能器（Enable Device）。 2. 调试人员进入工业机器人工作区域时，必须随身携带示教器，以防他人误操作。 3. 在得到停电通知时，要预先关断工业机器人的主电源及气源。 4. 突然停电后，要赶在来电之前预先关闭工业机器人的主电源开关，并及时取下夹具上的工件。 5. 熟悉调试工业机器人的基本能力：微调程序中的位置坐标、修改程序中的数值。 6. 知道先手动低速调试运行并确保不会发生任何碰撞，确保手动调试通过后再自动运行。 7. 具备工业机器人相关的软件基础编程能力。 8. 具备工业机器人相关的本体机械装调基础能力。 9. 具备工业机器人相关的控制电路装调基础能力
	RW057	收集查阅工业机器人技术资料和手册。对已完成工作进行规范记录存档	NL316 N3417 NL318	1. 具有收集所从事品牌工业机器人技术资料的能力。 2. 具有查阅所从事品牌工业机器人操作手册、维保手册的能力。 3. 具有对已完成工作的相关技术文档收集整理归档的能力
	RW058	对工业机器人新的操作人员进行培训	NL319 NL320 NL321	1. 能对新操作员工进行安全培训。 2. 能对新操作员工进行基本的操作培训。 3. 能对新操作员工进行企业文化方面的培训
	RW059	气动液压设备基础应用能力	NL322 NL323	1. 熟悉气压传动基础知识种类的气源设备：气罐、快换接头、气管。 2. 熟悉气压传动基础知识种类的气源处理元件：空气过滤器、减压阀、油雾器等。

工作领域	工作任务及编号		职业能力标准及编号	
	编号	工作任务	编号	职业能力
（五） 工业机器人 技术支持服务	RW059	气动液压设备基础应用能力	NL324	3.熟悉气压传动基础知识种类的气动执行元件:各类气缸。
			NL325	4.熟悉气压传动基础知识种类的方向控制阀:电磁换向阀。
			NL326	5.熟悉气动装置的正确使用和维护保养。
			NL327	6.了解液压装置基本部件:液压油、液压泵、液压换向阀、液压油缸、高压管路。
			NL328	7.了解液压系统与气动系统的基本区别。
			NL329	8.了解液压换向阀与气动换向阀的结构区别和使用方法。
			NL330	9.了解液压泵的种类工作原理及特点。
			NL331	10.了解液压节流阀、单向节流阀、溢流阀的工作原理和应用
	RW060	作为驻厂技术人员独立解决问题	NL332	1.严格遵守驻场人员考勤管理规定:驻场人员的上下班作息时间,按照派驻地单位的考勤管理规定执行,因派驻地单位工作需要涉及休息日加班或者法定节假日的加班情况,需提前报公司部门主管批准,提交人事行政审批备案等相关规定。
			NL333	2.应自觉履行岗位职责,严格遵守公司业务操作流程,按要求向公司汇报工作进度及工作成果,并能与派驻地单位协调配合,保障分管业务的开展,完成本职工作。
			NL334	3.妥善保管所属公司或企业的财产,及时维护保养,合理使用;妥善保管公司或企业内部传递的各类电子及书面文件、资料等,防止丢失、泄密。
			NL335	4.明确未经公司或企业书面授权,公司外派驻场的任何人员均不得有越权行为
	RW061	企业生产管理基础		1.了解5S管理:整理、整顿、清扫、清洁、素养。
			NL336	2.了解企业文化之生产计划:批量管理法、订单管理法。
			NL337	3.了解企业文化之生产管理工具:管制图、管制看板、制造命令单、生产日报表、网络设备在线管理,进度管理箱。
			NL338	4.了解企业文化之生产与物料控制(PMC)。

续表

工作领域	工作任务及编号		职业能力标准及编号	
	编号	工作任务	编号	职业能力
（五） 工业机器人 技术支持服务	RW061	企业生产管理基础	NL339 NL340	5.了解企业文化的结构和内容:企业最高目标;企业精神;经营管理风格;企业风气;企业道德;企业标识、标准色、标准字、厂服、厂歌、厂徽、厂旗、厂容厂貌、企业风俗;产品特色、造型、包装、品牌设计等
	RW062	培养获取多型号、多品牌工业机器人新知识、新技能的意识和能力	NL341 NL342 NL343 NL344	1.能收集ABB、发那科、库卡、安川电机中的某一型号的工业机器人技术资料。 2.会收集华数、汇川、新松、埃斯顿、新时达、埃夫特、广数、李群自动化中的某一型号的工业机器人技术资料。 3.能阅读工业机器人的操作员手册。 4.知道查阅相关工业机器人维保手册

四、成果运用建议

（一）课程体系建构的建议

工业机器人技术应用专业课程体系建议由扁平的基础课程、专业课程转变为立体的模块化课程体系。根据岗位职业能力分析报告,可考虑由五大类课程组成,即公共基础课程、专业核心课程、专业方向课程、专业特色课程、专业选修课程。

工业机器人技术应用专业课程定位建议由大部分面向学生就业为主转变为引导学生升学,提升学历层次为主。根据岗位职业能力分析报告,工业机器人技术应用相关企业对于员工的学历、技能要求均较高。现阶段我们培养的中等职业学校毕业生不能完全胜任工业机器人的编程调试岗位,在培养定位上建议引导学生升学,提升自己的学历层次,打牢专业基础,为升大专或高职提供坚实的基础。

工业机器人技术应用专业课程导向建议从单纯培养学生技术技能转变为培养学生安全意识、爱岗敬业的精神、良好的行为品质等综合品质。根据岗位职业能力分析报告,工业机器人技术应用相关企业对于员工的安全意识、爱岗敬业精神、行为品质的要求比单纯的好技术技能更高。

（二）关于开发课程标准的建议

根据岗位职业能力分析报告,工业机器人技术应用专业的各类课程中,建议为5门核心课程开发课程标准。这5门课程分别是:"工业机器人仿真""工业机器人安装与调试""工业机器人操作与维护""工业机器人应用编程""工业机器人集成与应用"。

重庆市永川职业教育中心

工业机器人技术应用专业
人才培养方案

工业机器人技术应用专业人才培养方案

一、专业名称(专业代码)

工业机器人技术应用(专业代码053600)

二、入学要求

初中毕业生或具有同等学历者

三、修业年限

三年

四、职业面向和接续专业

(一)职业面向

所属专业大类及代码	所属专业类及代码	对应行业及代码	主要职业类别及代码	主要岗位类别(或技术领域)	职业技能等级证书、行业企业标准和证书举例
加工制造类(05)	工业机器人技术应用(053600)	生产制造(06)	通用工程机械操作(6-30)、机械设备修理(6-31)	工业机器人系统操作员、工业机器人系统运维员	维修电工证四级、机器人"1+X"证书

(二)接续专业

高职专科:工业机器人技术、智能控制技术、电气自动化技术。

本科:机器人工程、智能制造工程、机械电子工程。

五、培养目标与培养规格

(一)培养目标

本专业坚持课程思政理念,落实"立德树人"的根本任务,主要面向工业机器人生产与集成企业、工业机器人应用企业,培养从事工业机器人安装、系统编程、调试、操作、销售及维护维修与管理等工作的德、智、体、美、劳全面发展的高素质劳动者和技术技能型人才。

(二)培养规格

1.素质

(1)具有坚定的政治方向,良好的思想品德和健全的人格,热爱祖国,热爱人民,拥护中国共产党的领导,具有国家意识、法治意识和社会责任意识,树立正确的世界观、人生观、价值观,有较高的道德修养。

（2）具有良好的职业道德、敬业精神和吃苦耐劳精神，遵纪守法、诚实守信和对企业忠诚。

（3）具有良好的执行能力、科学态度、工作作风、表达能力和适应能力。

（4）具备良好的人际交往能力、团队合作精神和优质服务意识。

（5）具备安全、环保节能意识和规范操作意识。

（6）具备获取信息，学习新知识的能力、职业竞争和创新意识。

（7）具有健康的心理和体魄。

2. 知识

（1）掌握中等职业教育阶段必需的文化基础和人文科学知识。

（2）掌握计算机操作的基础知识。

（3）掌握机械基础、电工电子、电气识图、装配钳工、维修电工的基本理论知识。

（4）掌握液压与气动控制的基本理论知识。

（5）掌握通用机电设备安装及维修的基本理论知识。

（6）掌握工业机器人的结构与原理基础知识。

（7）掌握工业机器人控制与编程的基础知识。

（8）了解计算机接口、工业控制网络和自动化生产线的基础知识。

3. 能力

方向 1——工业机器人安装与调试

（1）能借助工具书或网络查阅本专业英文资料。

（2）能按照工艺要求正确使用工具或者仪器仪表。

（3）能识读工业机器人设备安装图和电气原理图。

（4）能根据图纸和工艺要求组装和调试工业机器人本体。

（5）能进行常用型号的 PLC 程序编写、调试。

（6）能使用合适的仪器仪表对工业机器人进行电路故障检测、诊断、故障排除。

方向 2——工业机器人编程与维护

（1）能借助工具书或网络查阅本专业英文资料。

（2）能识读工业机器人设备安装图和电气原理图。

（3）能进行常用型号的 PLC 程序编写、调试。

（4）能运行和维护工业机器人工作站。

（5）能使用合适的仪器仪表对工业机器人进行电路故障检测、诊断、故障排除。

（6）能对工业机器人工作站周边设备进行调试与维护。

六、课程设置及要求

（一）课程结构

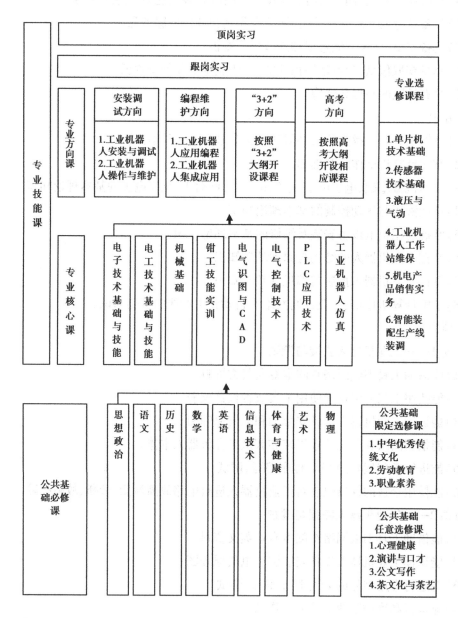

（二）课程设置及要求

本专业课程设置分为公共基础课程和专业技能课程。公共基础课程包含必修课和选修课。专业技能课包括专业核心课、专业方向课、专业选修课和专业实训,专业实训是专业技能课教学的重要内容,含跟岗实习、顶岗实习等。

1. 公共基础课

（1）必修课。

序号	课程名称	教学内容和要求	参考课时
1	思想政治	依据《中等职业学校思想政治课程标准》开设,并与学生专业能力发展和职业岗位需求密切结合	144
2	语文	依据《中等职业学校语文课程标准》开设,并与学生专业能力发展和职业岗位需求密切结合	180
3	历史	依据《中等职业学校历史课程标准》开设,并与学生专业能力发展和职业岗位需求密切结合	72
4	数学	依据《中等职业学校数学课程标准》开设,并与学生专业能力发展和职业岗位需求密切结合	144
5	英语	依据《中等职业学校英语课程标准》开设,并与学生专业能力发展和职业岗位需求密切结合	144
6	信息技术	依据《中等职业学校信息技术课程标准》开设,并与学生专业能力发展和职业岗位需求密切结合	144
7	体育与健康	依据《中等职业学校体育与健康课程标准》开设,并与学生专业能力发展和职业岗位需求密切结合	180
8	艺术	依据《中等职业学校艺术课程标准》开设,并与学生专业能力发展和职业岗位需求密切结合	36
9	物理	依据《中等职业学校物理课程标准》开设,并与学生专业能力发展和职业岗位需求密切结合	54

（2）限定选修课。

序号	课程名称	教学内容和要求	参考课时
1	中华优秀传统文化	依据专业需要,选择相关内容开设	36
2	劳动教育	依据专业需要,选择相关劳动教育	36
3	职业素养	依据专业需要,选择相关内容开设	36

（3）任意选修课。

序号	课程名称	教学内容和要求	参考课时
1	心理健康	依据《中等职业学校心理健康课程标准》开设，并与专业密切结合，重点学习正确面对失败，提高抗挫能力	36
2	社交礼仪	依据《中等职业学校礼仪课程标准》开设，并与专业密切结合，重点学习与客户沟通、交流的技巧和能力	36
3	普通话	依据《中等职业学校普通话课程标准》开设，并与专业密切结合，提高与客户、同事沟通的能力	36
4	茶文化与茶艺	依据《中等职业学校公共基础课程方案》开设，传承优秀传统文化，展示地方传统特色，提高个人修养	36

2. 专业（技能）课程

（1）专业核心课。

序号	课程名称	教学内容和要求	参考课时
1	电子技术基础与技能	依据《中等职业学校电子技术基础与技能》教学大纲开设，注重培养学生学习常用基本元器件、整流、滤波、稳压、放大电路、集成运算放大器和数字电路基础以及相应技能实训。 通过学习，学生掌握基本元器件识别与检测，掌握电子产品的安装与调试，具备简单电路故障分析与诊断的能力	144
2	电工技术基础与技能	依据《中等职业学校电工技术基础与技能》教学大纲开设，注重培养学生学习电路的基本知识和基本定律，磁场和电磁感应，交流电路的基本概念和基本运算以及相应的技能实训。 通过学习，学生在理解基本概念的基础上，掌握电路的基本知识和基本分析方法，具有一定的分析计算能力和动手能力	108
3	机械基础	本课程主要学习机械传动的类型、组成、工作原理、传动特点；平面连杆机构、凸轮机构及其他常用机构的结构、工作原理和应用场合；常用连接、轴、轴承、联轴器、离合器和制动器的结构、常用材料和应用场合以及选用方法。 通过学习，学生能熟悉典型设备的机械结构，能对典型的机械结构进行维护和保养	72
4	钳工技能实训	本课程主要学习基本工量具的使用；基本机械零件的手工加工；机械设备零部件的安装等。 通过学习，学生能正确使用工量具，能撰写加工工艺流程作业书，具备机修钳工、装配钳工、普通钳工的基本操作技能	54

序号	课程名称	教学内容和要求	参考课时
5	电气识图与CAD	本课程主要学习国家标准制图的有关规定及制图基本知识,电气制图基础知识,电气图形符号识别,CAD绘制机械图、电气图的基本操作。 通过学习,学生能按照要求绘制机械图、电气图	72
6	电气控制技术	本课程主要学习电气设备中常见的控制类、保护类电器元件的基础知识,电机、变频器、伺服系统的基本工作原理,典型电气控制电路分析,安装与调试等。 通过学习,学生能够掌握常用电器元件的选型,能够识读一般的电气控制原理图,能够进行电气控制系统的安装和调试等	108
7	PLC应用技术	本课程主要学习PLC程序编写及程序的调试。 通过学习,学生能搭建、调试PLC控制电路,会编写PLC应用程序,能调用及调试PLC应用程序	144
8	工业机器人仿真	本课程主要学习工业机器人仿真与离线编程。通过典型案例进行工业机器人的仿真、基本操作、离线编程等。 通过学习,学生能用仿真软件进行工业机器人的基本操作、功能设置、在线监控与编程;简单方案设计和验证等	144

（2）专业方向课。

方向1——工业机器人安装与调试

序号	课程名称	教学内容和要求	参考课时
1	工业机器人安装与调试	本课程主要学习工业机器人现场安装、电气连接、程序调试等。 通过学习,学生能够掌握工业机器人现场安装和调试的技能	180
2	工业机器人操作与维护	本课程主要通过项目教学,学习工业机器人轨迹描绘、图块搬运、物料码垛、工件装配、玻璃涂胶和检测排列等项目。 通过学习,学生能够掌握工业机器人的基本操作和编程技能,能够掌握工业机器人本体和控制器的维护,能够完成工业机器人工作站的操作与维护	144

方向2——工业机器人编程与维护

序号	课程名称	教学内容和要求	参考课时
1	工业机器人应用编程	本课程主要学习工业机器人离线编程。通过典型案例进行工业机器人码垛、涂胶、喷涂、焊接等项目等离线编程。 通过学习，学生能熟练使用工业机器人的基本操作、功能设置、在线与离线与编程等	180
2	工业机器人集成与应用	本课程主要学习工业机器人工作站系统组成和功能，工业机器人分类和选择，基于工业机器人控制器的系统集成，基于PLC的工业机器人工作站系统集成，工业机器人集成案例等内容。 通过学习，学生能够进行工业机器人的简单选型，能够设计简单的工业机器人集成系统，能够完成简单工业机器人集成系统的安装和调试	144

（3）专业选修课。

序号	课程名称	教学内容和要求	参考课时
1	单片机技术基础	本课程主要学习单片机基本工作原理，搭建单片机工作系统，编写和调试应用程序。 通过学习，学生能搭建单片机应用电路，能编写并调用单片机应用程序，能调试单片机应用程序	108
2	传感器技术基础	本课程主要学习常用传感器基本工作原理和运用。 通过学习，学生能掌握工业传感器的简单选型，安装调试、维护等技能	108
3	液压与气动应用技术	本课程主要学习液压传动及气压传动的工作介质、动力元件、执行元件、控制元件、辅助元件等知识。 通过学习，学生能够掌握液压传动和气压传动的元器件选型和安装调试	108
4	工业机器人工作站维保	本课程主要学习搬运、包装、码垛、打磨、装配、上下料、焊接等典型工业机器人工作站的维护保养。 通过学习，学生能够根据维保卡的要求进行工业机器人维护和保养，并填写维保卡，记录和存档	108
5	机电产品推销实务	本课程主要学习市场营销的基础知识。 通过学习，学生能够掌握寻找机电产品市场机会；机电产品购买者行为分析；机电产品的开发与品牌；机电产品的定价；销售渠道与促销；机电产品销售合同的签订等能力	72

序号	课程名称	教学内容和要求	参考课时
6	工业机器人智能装配生产线装调与维护	本课程主要学习工业机器人生产线的应用编程,整线调试,维护保养等内容。 通过学习,学生能够完成工业机器人智能装配生产线和其他智能生产线的基础装调和维护工作	108

（4）专业实习课。

①校内专业实训和综合实训。

结合各门专业课教学需要,在校内开展专业实训课教学和综合实训,实训形式多样化。

②校外认知实习和跟岗实习。

校外认知实习是指学校组织学生到相关工业机器人技术应用企业参观学习,形成对相关企业和相关职业岗位的初步认识,增强学生对工业机器人生产、集成、应用企业的感性认识,提高学习专业知识和技能的兴趣。

跟岗实习是指学校组织学生到相关工业机器人技术应用企业,在企业技术人员的指导下,在相应岗位部分参与实际工作,培养吃苦耐劳的敬业精神、沟通合作能力和责任意识。

校外认知实习和跟岗实习应充分发挥校企合作、产教融合,密切联系当地企业共同实施。校外认知实习安排在第一学期,跟岗实习安排在第五学期。

③顶岗实习。

专业顶岗实习可在专业对口用人单位进行,主要有工业机器人安装与调试、应用与编程、工业机器人维护等岗位,时间为6个月。通过对相关岗位进行实作,使学生进一步巩固所学的理论知识,熟练掌握工业机器人安装与调试、离线编程及应用、工业机器人维护等工作内容。树立爱岗敬业精神,提升服务意识和应变能力,增强独立工作和就业、创业能力。

七、教学进程总体安排

（一）基本课时分配

①每学年为52周,其中教学时间为40周(含复习考试和实训,实际教学安排按照18周/学期计算),假期累计12周。每周一般为32课时(按每天安排7节课计,每周除3节班会课)。顶岗实习按每周30小时(1小时折合1课时)安排,3年总计约为3 480课时。

②公共基础课、专业技能课按照18课时为1学分计算,3年总计200分。

③军训、社会实践、入学教育、毕业教育等活动以1周为1学分,共5学分。

④公共基础课课时约占总课时的1/3,允许根据行业人才培养的实际需要,在规定的范围内适当调整,但必须保证学生修完公共基础课的必修内容和课时。

专业技能课课时约占总课时的2/3,在确保学生实习总量的前提下,可以根据实际需要集中或分阶段安排实习时间,认知实习安排在第一学期,跟岗实习安排在第五学期,顶岗实习安排在第六学期。

⑤课程设置中应设选修课,其课时数不少于总课时的10%。

(二)教学安排建议

课程类别		课程名称	学分/分	课时	学期						考核
					一	二	三	四	五	六	
公共基础课程	公共基础必修课	思想政治	8	144	2	2	2	2			
		语文	10	180	3	3	2	2			
		历史	4	72	2	2					
		数学	8	144	2	2	2	2			
		英语(外语)	8	144	2	2	2	2			
		信息技术	8	144	4	4					
		体育与健康	10	180	2	2	2	2	2		
		艺术	2	36	2						
		物理	3	54	3						
		小计	61	1 098	22	17	10	10	2		
	公共基础限定选修课	中华优秀传统文化	2	36							
		劳动教育	2	36							
		职业素养	2	36							
		小计	6	五学期内选修6学分							
	公共基础任意选修课	心理健康	2	36							
		演讲与口才	2	36							
		公文写作	2	36							
		茶文化与茶艺	2	36							
		小计	4	五学期内任选							
专业技能课程	专业核心课	电子技术基础与技能	8	144	4	4					
		电工技术基础与技能	6	108	6						
		机械基础	4	72		4					
		钳工技能实训	3	54		3					
		电气识图与CAD	4	72		4					
		电气控制技术	6	108			6				
		PLC应用技术	8	144			4	4			
		工业机器人仿真	8	144			4	4			
		小计	47	846	10	15	14	8			

课程类别		课程名称	学分/分	课时	学期						考核
					一	二	三	四	五	六	
专业技能课程	专业方向课	工业机器人安装与调试方向 工业机器人安装与调试	10	180			6	4			
		工业机器人操作与维护	8	144				8			
		工业机器人编程与维护方向 工业机器人应用编程	10	180			6	4			
		工业机器人集成应用	8	144				8			
		小计	18	324			6	12			
	专业选修课	单片机技术基础	6	108							
		传感器技术基础	6	108							
		液压与气动应用技术	6	108							
		工业机器人工作站维保	6	108							
		机电产品推销实务	4	72							
		工业机器人智能装配生产线装调与维护	6	108							
		小计	第五学期选修396课时(22学分),跟岗144课时(8学分)								
	顶岗实习		34	600						600	
	合计		200	3 480	32	32	32	32	32		

说明:

1. "√"表示建议相应课程开设的学期。

2. 本表不含专业实训课、军训、社会实践、入学教育、毕业教育及公共基础选修课教学安排,建议使用第二课堂进行学习、考核。

3. 体育与健康在校期间必须持续开设。

4. 工业机器人技术应用专业外语主要包括英语、德语、日语等。

5. 加工制造类专业必须开设物理,建议第一学期开设。

6. 专业方向课建议开展校企合作与企业共同培养。

八、实施保障

(一)师资队伍

①专职教师应具备本科及以上学历,具有中等职业学校教师资格证书,有良好的师德,

关注学生发展,学习教学规律,具备终身学习能力和教学改革意识。

②按照《中等职业学校教师专业标准》和《中等职业学校设置标准》的有关规定,进行教师队伍建设,合理配置教师资源。专职教师师生比例为1:16;专业课教师人数为专职教师的50%;双师型教师人数为专业课教师的60%,建设一支业务水平较高的有专业带头人、骨干教师的队伍。

③专业课教师应具有实际工作经验,熟悉工业机器人相关参数、操作流程等专业技能,有扎实的理论功底和专业教学水准,具备教学设计和实施课程教学的能力,能熟练使用信息化教学手段。

④专职教师应主动前往工业机器人相关企业进行相应的专业实践,每5年的专业实践时间不少于6个月。

⑤聘请行业、企业高技能人才担任专业兼职教师,应具有高级及以上职业资格或中级以上专业技术职称,能够参与学校授课、讲座、专业建设等教学活动。

(二)实训实习环境

本专业应配备校内实训实习室和校外实训基地,实训实习环境要将仿真实训与真实工作环境相结合,理论教学与实操教学相结合,具备实训、教研及展示等多项功能的综合实训室。

实训实习室应包含电子技术实训室、电工技术基础实训室、钳工实训室、电力拖动实训室、可编程控制与传感器实训室、工业机器人仿真实训室、工业机器人拆装与维护实训室、工业机器人离线编程实训室、工业机器人理实一体化实训室。

以一个班40名学生为标准班,主要设施设备及数量见下表。

实训室的主要设施设备及数量

序号	实训室名称	主要工具和设施设备	
		名称	数量(台/套)
1	电子技术实训室	电子技术实训台	20
		投影仪、多媒体设备、实物展示台	1
		万用表	40
		恒温电烙铁	40
		直流电源	20
		信号发生器	20
		毫伏表	20
		数字示波器	20
2	电工技术基础实训室	电工技术实训台	20
		投影仪、多媒体设备、实物展示台	1
		电气线路安装配线板	40
		万用表	40

序号	实训室名称	主要工具和设施设备	
		名称	数量（台/套）
2	电工技术基础实训室	钳形电流表、兆欧表	10
		插座、开关、常用照明器件	40
		仿真橡皮人	1
3	钳工实训室	二工位重型多功能钳工桌	20
		台虎钳	40
		台式钻床	5
		钳工实训室工具包	20
4	电力拖动实训室	电力拖动实训台	20
		投影仪、多媒体设备	1
		电力拖动实训接线板	40
		交流接触器、热继电器、按钮等	若干
		三相电动机	40
		直流电机	40
5	可编程控制与传感器实训室	可编程实训台	20
		投影仪、多媒体设备、实物展示台	1
		PLC（西门子/三菱）	20
		变频器	20
		三相电动机	20
		直流电动机	20
		步进电机	20
		伺服电机	20
		单片机实训箱	20
		计算机	20
6	工业机器人仿真实训室	工业机器人仿真实训台	40
		投影仪（或大屏幕一体机）多媒体	1
		计算机	40
		仿真实训主机	40
		示教器	40
		验证机器人	1
7	工业机器人拆装与维护实训室	桌面拆装机器人实训台	6
		3 kg 六轴桌面机器人	6

续表

序号	实训室名称	主要工具和设施设备	
		名称	数量(台/套)
7	工业机器人拆装与维护实训室	夹具套件	6
		气泵	6
		工具套装	6
8	工业机器人离线编程实训室	可移动大屏幕一体机	1
		12 kg 六轴工业机器人本体	6
		多功能夹具	6
		机器人工作平台含模型	6
		气站	1
9	工业机器人理实一体化实训室	可重组多功能实训台	20
		投影仪(或大屏幕一体机)多媒体	1
		3 kg 六轴工业机器人本体	6
		夹具	6
		模型	6
		工具套装	6

说明:1.实训建设中,工业机器人应包含国内主流和国际主流品牌,重量应兼顾。

2.实训中尽量与工作现场一致,培养学生解决实际问题的能力。

校外实训基地建设应充分结合本地对口企业,实训基地由校企双方共建共管,实训基地的数量要满足本专业学生顶岗实习的需求,保证学生的顶岗实习岗位与本专业职业面向岗位基本一致,通过跟岗实习、顶岗实习培养学生良好的职业道德,强化实践能力和职业技能的培养,培养学生的岗位应变能力,提高学生的综合职业能力。

(三)教学资源

1.教材选用

优先选用国家规划教材,鼓励根据教学实际情况联合行业、企业同类学校自编校本教材。

2.图书文献配备

本专业教材配套的相关材料。

3.数字资源库

重庆市中等职业加工制造类专业教学资源库或自建资源库。

(四)教学方法

1.公共基础课

公共基础课程教学必须按照教育部规定的基本课时数及相关的要求开设,遵循培养学生科学文化素养,服务学生专业学习和终身发展的基本原则,重在教学方法、教学组织形式的改革,教学手段、教学模式的创新,调动学生的学习积极性,为学生综合素质的提高、职业能力的形成和可持续发展奠定基础。

2. 专业技能课

专业技能课程可按照工业机器人相应岗位的能力要求,强化维修电工、工业机器人安装与调试、工业机器人应用与编程等工作岗位的能力培养要素,紧密结合国家"1＋X"职业资格证书相关要求实施。突出"做中学、做中教"的职业教育特色,提倡项目教学、项目任务教学、情景教学、案例教学等方法,将学生的自主学习、合作学习和教师的引导教学等有机结合。

(五)教学评价

根据本专业的培养目标建立以学生职业素养及岗位能力培养为核心,联合学校、企业、社会共同对学生进行评价的综合评价体系,强化对学生学习效果和教师教学过程的评价。采用学分制、多层次、多元化的考评办法,引导学生全面提升和个性发展,使评价更加公正、客观。

工业机器人技术应用专业学生执行"四位一体、多元立体"学生综合素质评价方案,考评内容主要包括学生职业素养、专业技能、技能鉴定、行为习惯等。

考评等级:分为 A、B、C、D 4 个等级。

考评方法如下:

每一期的成绩组成:平时(50%)＋综合实训(20%)＋期末(30%)＝100 分。

平时:考勤＋课堂＋作业(课堂以小组成绩为主)。

综合实训:以技能考试为主,成绩由学生互评、教师评价两部分组成,各占总技能成绩的 20%、80%。

期末:理论＋技能(理论为闭卷考试,考题出自本科目题库。技能以作品的形式呈现,成绩由学生互评、教师评价、行业企业专家评价 3 部分组成,各占总技能成绩的 20%、40%、40%)。

组织学生在高二年级下学期参加职业资格考试,获得资格证书。

(六)质量管理

按照以上课程设置及规定的中等职业学校教学基本规范和课时要求,严格教学管理。推行"工学交替"的教学管理理念,改变传统的重知识、轻技能的教学管理方式。将规范性和灵活性结合,合理调配教师、校内实训室和实训场地等教学资源,为课程的实施创造条件。

学校要结合市级专业教学指导方案,制订出本校人才培养实施方案,并严格按照该实施方案开展规范教学。加强对教学过程的质量监控,完善教学评价的标准和方法,促进教师教学能力的提升,确保教学质量。

九、毕业要求

(一)学业考核要求

根据本专业培养目标和培养规格,结合学校办学实际,明确对学生的学业成绩、实践经历、综合素质等方面的考核要求、考核方式和考核标准,以学生毕业时应完成的规定的课时学分,有效促进毕业要求的完成度。

正常课程必须通过学校的统一考核,成绩考核可采取考试和考查两种形式,具体主要从理论考核与实践考核两方面进行考核评价,即分为两部分:理论考核+实训部分,比重根据不同课程灵活安排。

(二)技能证书考取要求

根据职业岗位需求,对接可考取的国家职业资格证书和"1+X"职业技能等级证书,明确证书的有关内容、要求、标准,将其融入专业课教学中。

十、其他

(一)编写依据

①教育部《关于职业院校专业人才培养方案制定与实施工作的指导意见》。

②教育部《职业院校专业实训教学条件建设标准》。

③重庆市教育科学研究院《关于中职30个专业人才培养指导方案》。

(二)运用范围

①我校工业机器人技术应用专业。

②同类学校工业机器人技术应用专业。

重庆市永川职业教育中心
紧缺骨干专业建设

《工业机器人仿真与离线编程》
课程标准

重庆市永川职业教育中心
二〇二〇年十一月

一、前言

1.课程定位

本课程是中等职业学校工业机器人技术应用专业的必修课程和专业核心课程。本课程的前导课程有"电工电子基础""机械制图与计算机绘图""机械与钳工"。学习本课程时应具备常用电工电子、仪器仪表、机械图、电路图的识读和工业机器人相关基础知识。

本课程是一门综合性较强的理论与实践相结合的课程。

2.课程设计思路

本课程总课时为64课时。旨在提高学生在工业机器人方面的综合素质,着重使学生掌握从事工业机器人加工类企业中工业机器人工作所必备的知识和基本技能,初步形成处理实际问题的能力。培养学生分析问题和解决问题的能力,具备继续学习专业技术的能力;在本课程的学习中包含思想道德和职业素养等方面的教育,使学生形成认真负责的工作态度和严谨的工作作风,为后续课程的学习和职业生涯的发展奠定基础。

根据培养应用技术技能型人才总目标,制订本专业教学计划,课程的教材配套,教学、实验、实训、课程设计大纲和指导书等教学文件齐全,近几年来引入了现代教学技术手段,已初步建设、形成了具有特色的全套课堂教学和实验教学课件。

根据该课程的基本教学要求和特点,结合学时的安排,从教材的整体内容出发,有侧重地进行取舍,筛选出学生必须掌握的基本教学内容,较好地解决了教学中质量与数量的矛盾。

二、课程目标

结合工业机器人技术应用专业人才培养目标和课程特点,本课程以典型工业机器人集成系统为载体,构建基于"工作站认知→机器人及关键部件的选型→电气电路识读→外围系统构建→接口技术学习→操作调试"工作过程的课程内容,识读并开发了3个典型系统集成项目;课程采用基于项目化的教学模式,以任务驱动为主线,以教师为主导,以学生为主体,将劳动教育和职业素养等课程思政有机地融入教学过程中。教学过程注重理论与实践相结合的理实一体化教学方式。

通过本课程的学习,使学生了解工业机器人工程应用虚拟仿真的基础知识、工业机器人虚拟仿真的基本工作原理;掌握工业机器人工作站构建、RobotStudio中的建模功能、工业机器人离线轨迹编程、Smart组件的应用、带轨道或变位机的工业机器人系统创建与应用,以及RobotStudio的在线功能,具备使用RobotStudio仿真软件的能力和针对不同的工业机器人应用设计工业机器人方案的能力,为进一步学习其他工业机器人课程打下良好基础。

核心素养与关键能力目标如下:

1.职业知识目标

①了解工业机器人仿真软件和工业机器人仿真软件的应用。

②掌握构建基本仿真工业机器人工作站的方法。

③掌握码垛、焊接、打磨抛光工业机器人工作站的设计理念和设计方法。

④掌握ABB工业机器人仿真软件RobotStudio中的建模功能,能运用所学制图软件在

RobotStudio 中进行建模。

⑤掌握 ABB 工业机器人离线轨迹编程方法。

⑥了解 ABB 工业机器人仿真软件 RobotStudio 中的其他功能。

2.职业能力目标

①掌握基本仿真工业机器人工作站的构建方法。

②掌握码垛、焊接、打磨抛光工业机器人工作站的设计理念和设计方法。

③掌握 ABB 工业机器人仿真软件 RobotStudio 中的建模功能。

④掌握 ABB 工业机器人离线轨迹编程方法。

⑤掌握 ABB 工业机器人仿真软件 RobotStudio 与实际 ABB 工业机器人结合使用。

3.职业素养目标

①具有良好的职业道德、行为操守及团队合作精神。

②具有良好的语言表达与社会沟通能力。

③具有科学的创新精神、决策能力和执行能力。

④具有从事专业工作安全生产、环保等意识。

⑤具有节约资源、降低生产成本的社会责任感。

三、课程内容和要求

1.学习项目及工作任务

学习项目及工作任务一览表

学习项目	工作任务	理论课时	实践课时
项目1　工业机器人编程概述	任务1-1　ABB 工业机器人简介	1	2
	任务1-2　工业机器人编程语言介绍	1	2
	任务1-3　工业机器人离线编程	1	2
项目2　工业机器人仿真软件基础	任务2-1　熟悉 ABB 工业机器人仿真软件	1	2
	任务2-2　工业机器人虚拟工作站的构建与保存	1	2
	任务2-3　工业机器人仿真系统的创建	1	4
	任务2-4　工业机器人虚拟手动关节操作	1	2
项目3　工业机器人虚拟示教器基础操作	任务3-1　虚拟示教器操作基础	1	2
	任务3-2　工业机器人虚拟手动操纵	1	2
	任务3-3　工业机器人常用 I/O 信号配置	1	2
项目4　工具的3D建模	任务4-1　胶笔工具3D建模	1	2
	任务4-2　夹爪工具3D建模	1	2
	任务4-3　吸盘工具3D建模	1	2

续表

学习项目	工作任务	理论课时	实践课时
项目5 涂胶运动轨迹程序创建与仿真	任务5-1 涂胶虚拟工作站创建	1	1
	任务5-2 ABB工业机器人坐标系	1	1
	任务5-3 涂胶运动轨迹程序创建	1	2
	任务5-4 涂胶运动轨迹程序仿真运行	1	2
项目6 工业机器人搬运离线编程与仿真	任务6-1 吸盘工具创建	1	1
	任务6-2 搬运物体吸取与放置仿真设置	1	2
	任务6-3 搬运离线目标点创建与记录	2	2
	任务6-4 离线搬运程序输入	1	2
项目7 工业机器人码垛离线编程与仿真	任务7-1 夹爪工具创建	1	1
	任务7-2 用Smart组件创建动态夹爪夹爪物体抓取与放开仿真设置	1	2
	任务7-3 码垛离线目标点创建与记录	2	2
	任务7-4 离线码垛程序输入	2	2
总计60课时		28	32

2. 课程内容与教学要求

课程内容与教学要求一览表

序号	项目名称认知	课程内容与教学要求			活动识读	课时
		知识	技能	态度		
1	工业机器人编程概述	（1）ABB工业机器人简介；（2）工业机器人编程语言介绍；（3）工业机器人离线编程	①能够准确说出什么是工业机器人，工业机器人的编程方式；②能够正确描述工业机器人的种类，工业机器人仿真系统；③能够准确说出工业机器人系统的组成，工业机器人仿真软件	①掌握工业机器人概念，工业机器人的两种主要编程方式；②了解工业机器人的种类，工业机器人仿真系统；③理解工业机器人系统，熟悉工业机器人常用仿真软件	①具有良好的职业道德、行为操守及团队合作精神；②具有良好的语言表达与社会沟通能力；③具有科学的创新精神、决策能力和执行能力	理论环节：教师首先通过PPT、视频等多媒体资料讲解工业机器人的基础知识，并引导学生进行识读。实践环节：依实际情况将学生分成多组，通过仿真软件和实训平台熟悉工业机器人各部分组成及特点，能够对工业机器人进行简单操纵，教师协同指导	9

序号	项目名称认知	课程内容与教学要求			活动识读	课时
		知识	技能	态度		
2	工业机器人仿真软件基础	（1）熟悉ABB工业机器人仿真软件；（2）工业机器人虚拟工作站的构建与保存；（3）工业机器人仿真系统的创建	①能够准确下载并安装RobotStudio仿真软件，软件默认布局功能界面识记；②新建、保存、打开工作站，导入ABB工业机器人模型、工具模型，并装配到工业机器人法兰盘；③工业机器人轴的运动范围，工业机器人的奇点，在仿真软件里移动工业机器人的各轴	①能完成软件下载、安装，识记7个基本功能菜单所包含的功能；②能完成新工作站的新建、保存、打开，ABB工业机器人模型按要求正确导入，工具模型导入正确，装配完成且正确；③能理解工业机器人轴的运动范围，能理解工业机器人的奇点，会在仿真软件里操纵工业机器人的轴运动	①具有良好的职业道德、行为操守及团队合作精神；②具有良好的语言表达与社会沟通能力；③具有科学的创新精神、决策能力和执行能力	理论环节：教师首先通过PPT、视频等多媒体资料对工业机器人搬运工作站集成系统规划过程进行讲授。实训环节：依实际情况将学生分成多组，通过工业机器人仿真系统运行及调试学会相关操作，教师协同指导	4
3	工业机器人虚拟示教器基础操作	（1）虚拟示教器操作基础；（2）工业机器人虚拟手动操纵；（3）工业机器人常用I/O信号配置	①能够正确说出使能键两挡的各自作用，能设置可编程按键的按钮功能；	①能正确说出7个基本功能菜单所包含的功能，在I/O状态表中查看所导入的系统信号；	①具有良好的职业道德、行为操守及团队合作精神	理论环节：教师首先通过PPT、视频等多媒体资料对工业机器人码垛工作站集成系统规划过程进行讲授；其次对关键部件的选型和电气电路识读进行讲授，然后讲授相关单元PLC程序和机器人程序的识读；最后进行整机程序的调试。	4

续表

序号	项目名称认知	课程内容与教学要求			活动识读	课时
		知识	技能	态度		
3	工业机器人虚拟示教器基础操作	（1）虚拟示教器操作基础；（2）工业机器人虚拟手动操纵；（3）工业机器人常用I/O信号配置	②查看示教器事件日志，系统数据备份与恢复，单轴运动的手动操作，线性运动的手动操作，重定位运动的手动操作，手动操作的快捷按钮、快捷菜单；③工业机器人系统I/O板配置，工业机器人单个数字I/O信号的配置，工业机器人虚拟数字I/O信号的配置，工业机器组数字I/O信号的配置	②正确查看示教器日志，正确备份系统和恢复系统，正确操纵工业机器人摇杆改变工业机器人姿态，识记6个基本快捷键所包含的功能；③了解标准I/O信号板DSQC652，理解I/O信号在系统中的作用	②具有良好的语言表达与社会沟通能力③具有科学的创新精神、决策能力和执行能力	实践环节：依实际情况将学生分成多组，通过工业机器人码垛工作站集成工作站进行实操练习	4
4	常用工具的3D模型创建	（1）利用Robot-Studio软件给胶笔工具创建3D模型	①熟悉Robot-Studio软件自带的建模功能，用建模功能创建胶笔整体结构，熟悉建模功能的CAD操作；	①创建简单的工作站模型，根据胶笔图纸创建胶笔底座、笔体、笔尖，根据胶笔工具图纸为胶笔底座打孔；	①具有良好的职业道德、行为操守及团队合作精神；	理论环节：教师首先通过PPT、视频等多媒体资料对常用工具的3D模型创建过程进行讲授	4

序号	项目名称认知	课程内容与教学要求			活动识读	课时
		知识	技能	态度		
4	常用工具的3D模型创建	（2）利用SOLIDWORKS软件给夹爪工具创建3D模型；（3）利用SOLIDWORKS软件给吸盘工具创建3D模型	②熟悉三维建模软件，能进行文件的新建、保存，能利用边、角、矩形、直线、圆、圆角命令进行简单的草图绘制，能进行简单的拉伸和切除；③利用"选择"命令进行草图绘制，利用"旋转"命令建模	②能说出SOLIDWORKS软件基本功能，新建模式和保存格式正确，能利用边、角、矩形、直线、圆、圆角命令绘制夹爪连接板、手指的草图，能利用草图拉伸和切除完成夹爪连接板和手指的建模；③能利用"选择"命令绘制吸盘截面图，能利用"旋转"命令对吸盘进行建模	②具有良好的语言表达与社会沟通能力；③具有科学的创新精神、决策能力和执行能力	实践环节：依实际情况将学生分成多组，通过常用工具的3D模型创建调试运行，得出学习结论	4
5	涂胶运动轨迹程序创建与仿真	（1）涂胶虚拟工作站创建；	①胶笔工具创建完成且安装到工业机器人法兰盘，涂胶轨迹模型导入且装配到工件固定装置上，工业机器人控制柜模型，工作站外围模型装配位置合理；	①胶笔工具TCP设置正确，工具安装正确涂胶轨迹模型装配正确且在工业机器人工作范围内，虚拟涂胶基础工作站装配完成；	①具有良好的职业道德、行为操守及团队合作精神；	理论环节：教师首先通过PPT、视频等多媒体资料对涂胶运动轨迹程序创建与仿真过程进行讲授；	

续表

序号	项目名称认知	课程内容与教学要求			活动识读	课时
		知识	技能	态度		
5	涂胶运动轨迹程序创建与仿真	（2）ABB工业机器人坐标系；（3）涂胶运动轨迹程序创建；（4）涂胶运动轨迹程序仿真运行	②大地坐标系、基坐标系、工件坐标系、工具坐标系、用户坐标系使用RobotStudio仿真软件上设置工具坐标，RobotStudio仿真软件上设置工件坐标；③工业机器人涂胶轨迹的目标点和路径，涂胶路径编程与优化，轴配置参数和工业机器人的运行姿态；④"biankuang""quanxian"涂胶轨迹仿真设定正确，且能正常运行，涂胶轨迹运行全程碰撞监控且有TCP跟踪，虚拟涂胶工作站仿真视频可正常播放	②能准确分辨出各坐标系并正确运用，工具坐标设置正确，工件坐标设置正确；③创建"biankuang"和"quanxian"两个涂胶轨迹路径，涂胶轨迹程序编写与轨迹优化，轴配置参数调整，工业机器人运行姿态合理；④"biankuang""quanxian"涂胶轨迹仿真运行，为涂胶轨迹添加碰撞监控和TCP跟踪，为虚拟涂胶工作站录制仿真视频，导出播放	②具有良好的语言表达与社会沟通能力；③具有科学的创新精神、决策能力和执行能力	实践环节：依实际情况将学生分成多组，通过常用涂胶运动轨迹程序创建与仿真练习，得出学习结论	

序号	项目名称认知	课程内容与教学要求			活动识读	课时
		知识	技能	态度		
6	工业机器人搬运离线编程与仿真	（1）吸盘工具创建；（2）搬运物体吸取与放置仿真设置；（3）搬运离线目标点创建与记录；（4）离线搬运程序输入	①设定正确的本地原点，能够和 tool 0 重合创建工具坐标系，创建工具，安装工具；②在工作站中添加矩形体踝台 A 和圆柱形踝台 B 以及 4 个物料，利用吸盘工具单吸创建 Smart 组件吸取和放置，利用吸盘工具单吸实现对物料的吸取和放置的仿真；③工业机器人例行程序创建完成，创建吸取位置 p 10 和放置位置 p 20，工业机器人 home 点；④主程序：main 初始化程序，Iinital 拾取程序，pick 放置程序，place 程序运行与仿真	①能将工具坐标系和大地坐标系重合，工具坐标系为物体表面中心，和大地坐标系重合所创建的工具可以安装到工业机器人上并与法兰盘末端 tcp 重合，自定义工具的法兰盘末端与机器人六轴法兰盘中心重合并且方向正确；②工作站中添置部件，工业机器人机械位置可达，正确创建 Smart 组件，工业机器人工具能实现对物料的吸取和放置；③创建路径正确，p10 和 p20 位置正确，能实现吸取和放置动作；④程序正常运行，不报错，可仿真，程序能实现初始化功能，实现码垛功能，按照既定路径完成货物的堆放	①具有良好的职业道德、行为操守及团队合作精神；②具有良好的语言表达与社会沟通能力；③具有科学的创新精神、决策能力和执行能力	理论环节：教师首先通过 PPT、视频等多媒体资料对工业机器人搬运离线编程与仿真过程进行讲授。实践环节：依据实际情况将学生分成多组，通过工业机器人搬运离线编程与仿真调试运行练习，得出学习结论	

续表

序号	项目名称认知	课程内容与教学要求			活动识读	课时
		知识	技能	态度		
7	工业机器人码垛离线编程与仿真	（1）夹爪工具创建； （2）用Smart组件创建动态夹爪抓取与放开物体仿真设置； （3）码垛离线目标点创建与记录	①创建工业机器人仿真系统并设置相应数据，创建工业机器人传送带模型、码垛台放置模型，创建机械夹爪工具，安装码垛夹爪工具； ②创建码垛夹爪Smart子组件，创建码垛夹爪Smart组件的属性与连接和Smart组件的信号和连接，创建传送带的Smart子组件，创建码垛夹爪Smart组件的属性与连接和Smart组件的信号和连接	①能正常调出IRB120工业机器人和工业机器人系统，能正确地创建传送带模型和码垛台模型，所创建的工具可以安装到工业机器人上并与法兰盘末端tcp重合，自定义工具的法兰盘末端与工业机器人六轴法兰盘中心重合并且方向正确； ②根据要求创建夹爪子组件并正确设置属性，能够正确地设置夹爪Smart组件的属性与连接。能够创建夹爪Smart组件的信号和连接，根据要求创建传送带子组件并正确设置属性，能够正确地设置传送带Smart组件的属性与连接。能够创建夹爪Smart组件的信号和连接	①具有良好的职业道德、行为操守及团队合作精神； ②具有良好的语言表达与社会沟通能力	理论环节：教师首先通过PPT、视频等多媒体资料对工业机器人码垛离线编程与仿真过程进行讲授。	

序号	项目名称认知	课程内容与教学要求			活动识读	课时
		知识	技能	态度		
7	工业机器人码垛离线编程与仿真	③能够正确地设置工作站需要的 I/O 板和 I/O 信号,根据任务正确编写初始化程序,编写好抓码垛块程序和放码垛块程序,并能利用 FOR 语句对码垛块进行码垛操作,能够设置开始信号,能够对仿真工作站进行正确的仿真设置,点击机器人的仿真信号对机器人工作站进行仿真验证。	③I/O 板及 I/O 板地址设置正确,I/O 信号设置正确,初始化程序运行正常,正确编写抓码垛块程序,放码垛块程序,并利用相关知识完成码垛编程,正确地设置好夹爪与工作站,机器人系统、传送带之间的信号连接,工业机器人工作站根据工业机器人系统能够实现正常的码垛操作	③具有科学的创新精神、决策能力和执行能力	实践环节:依实际情况将学生分成多组,通过工业机器人码垛离线编程与仿真调试运行,得出学习结论	
合计						56

四、实施建议

1. 教材选用及开发指引

教材推荐选用表

序号	教材名称	教材类型	出版社	主编	出版日期	备注
1	工业机器人离线编程与仿真	公开出版	化学工业出版社	韩鸿鸾、张云强	2019 年 11 月	选用
2	工业机器人离线编程与仿真一体化教程	公开出版	西安电子科技大学出版社	韩鸿鸾、时秀波、毕美晨	2020 年 03 月	选用
3	工业机器人离线编程与仿真	公开出版	华中科技大学出版社	潘懿、朱旭义	2018 年 08 月	参考

2. 教学方法

教学班是主要的教学组织,班级授课制是目前教学的主要组织形式。如有条件,也可以采用分组教学。实操训练是本课程教学的重要环节,通过实操动手操作使理论应用于实践当中。

"工业机器人离线编程与仿真"课程在教学过程中将理论教学、现场教学、仿真实训教学、综合实践训练相结合,鼓励学生独立思考,促进学生自主性学习、研究性学习和个性发展。理论教学实行启发式、互动式教学方法;在现场教学过程中,充分利用实训室,实行情景教学,采用"教、学、做合一"的教学模式,将理论教学与实践教学相结合,使学生实际操作水平得到进一步的提高。

针对每个任务,下发任务书,通过该任务的效果图或视频导入,提出任务目标,学生做出完整的任务工作计划,任务完成后进行检查和评估。学生在制订工作计划前,教师对完成任务所用到的知识做出必要的讲解。知识的讲解建立在学生对所学内容有感性认识的基础之上,提出任务,引导学生主动思考、找寻答案,最后通过知识讲解,引导学生完成任务。

灵活应用讲授法、课堂讨论等教学方法,多采用图片、动画及 VR 等形象直观的教学资源,将课程思政、劳动教育、卫生工具使用等有机地融入教学过程中,提高学生的学习兴趣和积极性。

3. 教学条件建议

"工业机器人离线编程与仿真"课程主要以工业机器人虚拟仿真实训室 RobotStudio 仿真软件、ROBODK 虚拟仿真软件和 ABB 工业机器人校企合作实训室相关工业机器人系统为学习设备,采用理论与实践相结合的教学模式,利用信息化教学手段,因此实训室需保障多媒体设备和网络。

教学过程建议采用多元化的现代教育技术手段,可采用智慧教学工具"学习通"和现场教学相结合,实现混合式教学、引进行业、企业专家参与教学,利用"学习通"将理论知识发送给学生预习,然后通过课堂讲解加以强化,扬长避短,提高教学效率。在校外实践学习方面,可以采用去企业实地教学、请企业专家来校授课等方式开展。

ABB 机器人校企合作实训室

实训室名称:ABB 机器人校企合作实训基地   面积:180 m²

序号	核心设备	台数/台	工位/台	备注(填写已有或者规划)
1	视觉引导抓取系统	1	1	已有
2	汇博分拣机器人系统	1	1	已有
3	多机器人智能制造系统	1	1	规划
4	搬运码垛系统	1	1	已有
5	YuMi 双臂协作机器人系统	1	1	规划

工业机器人虚拟仿真实训室

实训室名称:工业机器人虚拟仿真实训室   面积:100 m²

序号	核心设备	台数/台	工位/台	备注(填写已有或者规划)
1	装有 RobotStudio 和 ROBODK 仿真软件、博图软件的计算机	50	50	已有

《工业机器人集成与应用》课程校外实习基地

序号	校外实习基地名称	用途	合并深度要求
1	华中数控(重庆)有限公司	教学	紧密
2	ABB(重庆)工程有限公司	教学	紧密

4. 课程资源

(1)为提高学生参与度,为后续实践学习做铺垫,借助学校现有智慧教学工具"学习通"进行线上、线下交流。

(2)在讲述常见工业机器人系统建立和仿真运行时,可采用3D 人机交互动画演示、配套电子课件、案例库等数字资源。

(3)在讲解示教器的操作及编程时,为保证学生对实践操作有宏观的了解,需使用视频及微课程资源。

(4)在识读相关工作站时,基于现有条件和学生认知程度,要借用 RobotStudio、RoboDK、博图等软件进行仿真和模拟。

5. 教学评价

评价教学方法要以实现课程标准规定的教学目标为依据,好的教学方法应有助于学生对教学内容的理解,并能激发学生的学习热情,提高学生的动手操作能力。鼓励创新的教学方法。

具体评价标准:

(1)期末考试成绩 = 笔试成绩(40%) + 上机考试成绩(60%)。

(2)实操考试成绩 = 平时成绩(每次上机成绩)40% + 期末上机考试成绩20%。

五、其他说明

本课程标准适用于中等职业学校工业机器人技术应用类专业。教学活动以学生为主体,体现"学生是学习过程的中心,教师是学生学习过程的组织者、协调人和专业对话伙伴"的理念。应集思广益,将课程思政、劳动教育、安全教育、卫生行为教育等有机地融入课程的教学中。

重庆市永川职业教育中心
高水平学校项目建设
工业机器人技术应用专业

《工业机器人安装与调试》
课程标准

重庆市永川职业教育中心
二〇二〇年十一月

一、前言

1. 课程定位

"工业机器人安装与调试"课程是为了满足工业机器人技术应用行业培养工业机器人装配调试、操作维修、设备维护管理专业人才需要而开设的一门专业方向课程,是我校工业机器人技术应用专业课程体系中的一门重要专业核心课程。

通过本课程的学习,学生能够了解工业机器人安装与调试的一般流程和方法,能够互相协作完成工业机器人的拆装、调试、运行、维护等工作。为学生后续学习和今后从事工业机器人技术应用领域的工作打下坚实的基础。

"工业机器人安装与调试"课程在工业机器人技术应用专业的课程体系中处于承上启下的地位。"工业机器人安装与调试"课程的先导课程为"机械识图""机械设计基础""电气控制与 PLC"和"机电设备故障诊断与维修",经过这 4 门课程的学习,学生已具备机械图识图基础、机械部件基础常识、机电设备的电器控制基础知识、电子产品初步的焊接技术、机器人的软件编程基础和机械图、电气原理图的识读能力,并基本具备学习本课程的知识、技能基础。

"工业机器人安装与调试"的后续课程为"工业机器人应用编程""工业机器人集成与应用""工作站装调与维修"等,为进一步学习工业机器人理论知识和实践技能,以及学生升学,提升学历水平和技能水平打下坚实的基础。

2. 设计思路

本课程是依据我校《工业机器人应用专业典型工作任务与职业能力分析报告》中的职业岗位工作项目设置的。其总体设计思路是以工作任务为中心组织课程内容,让学生在完成具体项目的过程中构建相关基础理论知识,发展实用的职业能力。

本课程内容突出对学生职业能力的训练,并融合了"工业机器人装调维修工""工业机器人操作调整工"课程中职业资格证书对员工知识、技能和态度的要求。通过对课程内容的高度归纳,概括了工业机器人系统构成、工业机器人本体原理及拆装、工业机器人控制器及拆装、RoboDK 工业机器人编程控制、EFORT 工业机器人 C10 系统编程、工业机器人常见机械故障分析、工业机器人常见电气故障分析等项目。整体内容的组织是由易到难,由浅入深,由基本理论知识到提高知识与技能训练。学生通过学习,基本掌握本课程的核心知识与技能,初步具备工业机器人安装与调试的基础能力以及查阅相关工业机器人技术资料的能力。

本课程总课时为 198 课时。

二、课程目标

(一) 总体目标

通过本门课程学习任务的完成,学生了解工业机器人的分类、特点、组成、工作原理等基本理论和技术;掌握工业机器人的安装与调试的一般方法与流程;具备工业机器人的安装、调试、故障检测与维修、设备管理等解决实际问题的基本技能;使学生达到理论联系实际、活学活用的基本目标;初步具备工业机器人相关领域实际应用能力,并逐步培养学生善于观察、独立思考的习惯;同时,通过教学过程中的案例分析强化学生的职业安全意识、职业道德意识和职业素质养成意识以及初步的创新思维能力。

(二)具体目标

1. 知识目标

(1)能完成工业机器人相关资料的收集与检索。

(2)能概述工业机器人的结构组成和工作原理。

(3)能正确识读工业机器人部件装配图、零件图等技术文件,能对机械本体完成简单装配。

(4)能正确识读工业机器人的电气原理图、电气安装图,完成基本电器装配。

2. 能力目标

掌握工业机器人的模块化组装、调试、控制与维护的基本方法,能用工业机器人的编程语言编写较简单的调试程序。

(1)掌握编写适用于不同工作任务的工业机器人调试程序。

(2)能使用常用的机械工具(台虎钳、砂轮机、钻床、划线工具、锉削工具、锯削工具、錾削工具、基本的孔加工工具丝锥铰刀等)、常用的测量仪器(游标卡尺、千分尺、塞尺、量块等)、常用的检修工具(螺丝刀、扳手、套筒、剥线钳、橡胶锤等)、电子工具和相关仪器仪表(电烙铁、万用表、示波器等)。

(3)能够及时、详细地记录工业机器人安装与调试过程中的工作日记、实训报告、总结工作经验。

(4)掌握工业机器人的模块化组装、调试、控制与维护方法。

(5)掌握处理工业机器人的各种简单故障,并作相应的工作记录。

3. 素质目标

(1)培养学生团队协作能力,初步养成团结协作精神。

(2)初步培养学生理论联系实际、分析问题、解决问题的能力。

(3)初步培养学生对新知识、新技能的学习能力和创新能力。

三、课程内容和要求

序号	项目名称	课程内容与教学要求			活动设计	课时
		知识	技能	态度		
1	工业机器人系统基础	(1)工业机器人的分类; (2)工业机器人的应用与发展; (3)工业机器人基本组成; (4)工业机器人的基本技术参数	(1)能复述工业机器人的分类; (2)能了解工业机器人的发展; (3)能复述机器人的基础组成; (4)能了解工业机器人基本技术参数	(1)培养对工业机器人专业的兴趣的; 明白工业机器人的特点; (2)逐步培养对本专业的爱好; (3)养成细心思考、努力探索的学习习惯	本项目讲解工业机器人系统基础和发展历程。主要目的是培养学生兴趣,因此应尽量采用视频、动画等生动直观的素材讲解。力求深入浅出,尽量结合我校工业机器人相关设备进行教学	8

序号	项目名称	课程内容与教学要求			活动设计	课时
		知识	技能	态度		
2	机器人本体拆装	(1)工业机器人本体操作安全注意事项； (2)工业机器人机身配重平衡机构； (3)工业机器人臂部结构； (4)工业机器人手腕结构； (5)工业机器人传动机构； (6)工业机器人本体拆装前准备工作； (7)第六、五、四轴的拆前准备工作及拆卸； (8)第三、二轴及底座的拆前准备工作及拆卸； (9)工业机器人的装配及检测	(1)熟悉工业机器人本体的安全操作； (2)了解配重平衡机构的特点； (3)熟悉臂部结构的分类特点； (4)了解工业机器人常见的手腕结构种类，了解谐波减速器的结构，了解谐波减速器的传动原理，了解常见的电机插头； (5)了解常见的机械传动类型，了解常见的机械配合类型和轴承的安装方法； (6)熟悉工业机器人本体在拆装前的准备； (7)熟悉第六、五、四轴各零部件的认知，熟悉第六、五、四轴的拆卸流程； (8)熟悉第三、二轴拆卸前的知识准备及拆卸，熟悉转座与底座分离知识准备及分离，知道密封部件； (9)了解工业机器人装配要点，了解工业机器人关节注油方法，熟悉工业机器人上电检测流程	(1)逐步培养安全操作素养； (2)养成细心思考、努力探索的学习习惯； (3)培养对工业机器人专业的基本职业素养； (4)培养对工业机器人专业的兴趣	本项目是本书的重要内容，内容上强调精简、实用；力求让学生通过动手实际操作练习掌握工业机器人本体拆装的基本技能。活动设计上建议将本项目分解为若干任务，采用小组教学完成；尽量采用视频、演示、演练等多种浅显易懂的教学手段实施	38

续表

序号	项目名称	课程内容与教学要求			活动设计	课时
		知识	技能	态度		
3	机器人控制器及拆装	(1)控制器安全注意事项；(2)示教器使用及维护；(3)控制柜外观及常见接口；(4)控制柜常见电器元件；(5)控制柜基本系统框图；(6)控制柜典型电路拆装	(1)掌握控制器相关安全操作注意事项；(2)熟悉示教器的使用及维护；(3)熟悉控制柜外观及相应接口作用；(4)掌握工业机器人控制柜中常见的电器元件(断路器、交流接触器、按钮、开关、伺服驱动器等)简介；(5)了解典型工业机器人控制柜的系统框图；(6)掌握控制柜中典型交流接触器控制电路的拆装；熟悉控制柜中典型伺服系统拆装	(1)逐步培养安全生产、文明操作的良好习惯；(2)养成仔细观察、认真思考的习惯；(3)培养对控制器基本元器件的学习探究精神；(4)培养认真记录、认真总结的意识；(5)培养团队协作精神	本项目是本书的重要内容，内容上实用，努力切合生产实际；力求让学生通过动手实际操作练习。掌握工业机器人控制器的基本特点，完成基本电路的拆装。活动设计上建议将本项目分解为若干任务，采用小组教学完成；尽量采用视频、演示、演练等多样化教学手段实施	32
4	Robo-DK虚拟仿真技术	(1)实训场所管理规定；(2)RoboDK软件简介；(3)RoboDK软件导入机器人及工件模型；(4)RoboDK软件基本操作及工具装定；(5)RoboDK软件基本Program程序操作；(6)RoboDK软件程序后处理	(1)熟悉实训场所管理规定；(2)了解RoboDK软件的基本特点；(3)学会RoboDK软件工件导入和机器人模型导入；(4)学会RoboDK软件基本操作和加载工具；(5)熟悉RoboDK软件的基本参数设置和程序基础；(6)熟悉RoboDK软件的程序后处理操作	(1)养成遵守实训室管理规定的习惯；(2)培养遵守厂规厂纪的工作意识；(3)培养团队协作意识；(4)培养对工业机器人的学习兴趣	本项目的目的是提高学生的学习兴趣，根据我校实训设备和软件配置而编写。教授本项目课程时建议采用工业机器人实训基地的50余台/套多媒体设备配合汇博的工业机器人系统。可完成学生对汇博机器人的控制和管理。提升学生的编程能力、解决实际问题的能力	18

序号	项目名称	课程内容与教学要求			活动设计	课时
		知识	技能	态度		
5	EFORT工业机器人C10系统编程	（1）EFORT系统基本安全预防措施；（2）EFORT系统示教器硬件、界面及维护；（3）EFORT系统基本指令特点；（4）EFORT系统通用功能使用；（5）EFORT系统中S2软件版本常用功能；（6）EFORT系统中S3软件版本常用功能	（1）熟悉EFORT系统的基本特点，熟悉EFORT系统的基本安全预防措施；（2）熟悉EFORT系统示教器硬件功能，熟悉EFORT系统的界面及维护；（3）了解EFORT系统的基本运动指令，熟悉EFORT系统的工业机器人基本操作；（4）掌握EFORT系统工业机器人的准备工作，掌握EFORT系统机器人运动方向的认识，掌握EFORT系统正确开关机，掌握EFORT系统手动模式并操作工业机器人运动，会创建简单程序并使机器人运动，会操作工业机器人快速运动到指定位置，熟悉工具坐标和用户坐标；（5）了解EFORT系统S2版本中的添加I/O指令，了解EFORT系统S2版本中的网络配置和视觉功能；（6）了解EFORT系统S3版本中的添加I/O指令，了解EFORT系统S3版本中的网络配置和视觉功能	（1）逐步培养积极思考、勇于探索的能力；（2）养成遵守实训室管理规定的习惯；（3）培养遵守厂规厂纪的工作意识；（4）培养团队协作意识；（5）培养对工业机器人的积极兴趣	本项目的目的是提高学生的学习兴趣，根据我校实训设备而编写。教授本项目课程时建议采用工业机器人实训基地的6台/套汇博小型工业机器人系统为主。可软硬件结合完成本项目的教学。努力提升学生的编程能力、解决实际问题的能力	34

续表

序号	项目名称	课程内容与教学要求			活动设计	课时
		知识	技能	态度		
6	工业机器人常见机械原理及故障分析	(1)气动设备基础原理；(2)液压设备基础原理；(3)电动设备基础原理；(4)工业机器人本体主要技术参数；(5)工业机器人常见机械故障分析；(6)工业机器人常见机械故障处理	(1)了解气动设备基本工作原理；(2)了解液压设备工作原理；(3)了解电动设备工作原理；(4)熟悉工业机器人本体的部件及主要技术参数；(5)熟悉 ABB 华数汇博品牌工业机器人机械部分常见的故障特点；(6)了解 ABB 华数汇博品牌工业机器人常见机械故障及排除方法	(1)培养遵守实训室管理规定的习惯；(2)培养团队协作意识；(3)培养对工业机器人的积极兴趣；(4)培养对工业机器人机械原理的故障分析和排除的意识	本项目的目的是提高学生的学习兴趣，根据我校实训设备而编写。教授本项目课程时建议采用气动实训设备、仿真技术、多媒体技术以及机器人实训室的汇博工业机器人系统为主。可软硬件结合完成本项目的教学。努力提升学生的机械原理及拆装技能培养，努力提升解决实际问题的能力	20
7	工业机器人常见气动设备原理及故障分析	(1)气缸电磁阀基础；(2)工业机器人气动夹具基础；(3)工业机器人真空吸盘基础；(4)气动设备常见故障分析；(5)气动设备常见故障处理	(1)熟悉气动设备气缸电磁阀的基本特点；(2)掌握工业机器人气动夹具的分类及特点；(3)掌握工业机器人真空吸盘的结构和基本工作原理；(4)掌握气动设备的常见故障特点；(5)了解气动设备常见故障及排除方法	(1)培养遵守实训室管理规定的习惯；(2)培养团队协作意识；(3)培养对工业机器人的积极兴趣；(4)努力培养对气动设备的故障分析和排除的意识	本项目是根据我校实训设备特点，为了解决工业机器人夹具及其应用而编写的。教授本项目课程时建议采用仿真技术、多媒体技术以及机器人实训室的汇博工业机器人系统为主。可软、硬件结合完成本项目的教学。努力提升学生的气动夹具应用能力	24

序号	项目名称	课程内容与教学要求			活动设计	课时
		知识	技能	态度		
8	工业机器人常见电气原理及故障分析	（1）电气系统框图表达方式； （2）典型电源电路图分析； （3）典型伺服系统电路图分析； （4）典型I/O板至PLC电气原理图分析； （5）常见电气故障分析	（1）熟悉ABB华数汇博品牌工业机器人系统电气系统框图的画法； （2）熟悉ABB华数汇博品牌工业机器人系统典型电源电路的结构和分析； （3）熟悉ABB华数汇博品牌工业机器人系统典型伺服驱动基本电路； （4）熟悉ABB华数汇博品牌工业机器人系统典型PLC电路； （5）了解ABB华数汇博品牌工业机器人常见电气故障及排除方法	（1）培养遵守实训室管理规定的习惯； （2）培养团队协作意识； （3）培养对工业机器人的积极兴趣； （4）培养对工业机器人电气设备的故障分析和排除的意识； （5）逐步培养学生提升技能水平，提升自我学历水平的观念	本项目是根据我校实训设备特点，为了使学生解决工业机器人电气原理及故障解决能力而编写的。教授本项目课程时建议采用仿真技术、多媒体技术以及机器人实训室的汇博工业机器人实物系统演示为主。亦可软硬件结合完成本项目的教学。努力提升学生的电路分析能力和应用能力	24
	合计					198

四、实施建议

1.教材编写

本课程遵循以项目或任务为载体的原则，将知识、技能、态度融入教材内容，强调理论与实践有机结合；教材与行业标准及工艺要求相结合；团体教学与分组实操管理结合的理论实践一体化教材。目前，适合中等职业学校工业机器人应用技术专业的中等职业类教程非常稀缺，建议根据我校教师实际水平和专业设备情况，根据本课程标准表格中的"课程内容与教学要求"自主编写教材完成教学。

推荐教材：

胡月霞等组编，《工业机器人拆装与调试》，水利水电出版社，2019年04月。

2.教学方法

（1）教学方法建议

本课程应结合相关的教学资源、学生特点、教学任务等，灵活运用讲授教学法、讨论教学法,同时建议多采用分组实训体验式教学法,深入浅出,配合相关的工程应用案例,跟随教学目标、任务、工业机器人技术应用行业应用特点采用合适的教学方法。

（2）学习方法建议

应充分利用课堂授课时间,做好课程预习与课后复习,"工业机器人安装与调试"课程具有理论性强、实践能力要求高的特点,学生应在课后利用微课、视频、讲义、学校提供的实训设备等课程资源提升该课程知识点与技能点。

3. 教学条件

（1）校内资源

本课程以仿真演示、工业机器人实训室讲授为主,配合教学应合理适当地安排实物演示、案例讲解、分组实训和分组讨论。对于学习场地和设施,应满足多媒体教学需要。建议充分利用现有工业机器人实训基地设施,运用50余台/套的汇博工业机器人仿真教学设备、6台汇博工业机器人实物设备以及气动设备实训台完成教学工作。

（2）校外资源

建议本专业课程与校外多家企业合作教学,采取紧密校企合作学生顶岗实习基地,满足工业机器人技术应用专业学生就业点多面广的现实需求。

（3）网络教学环境资源

参考网站：

中华工控网-机器人论坛、中国机器人应用网、中国机器人网、米尔机器人网,以及仿真平台：RoboDK 机器人仿真离线编程软件。

4. 课程资源

本课程是一门实践性非常强,并且和工厂应用紧密联系的课程。课程资源包括教程、教案、讲义、相关课程的微课、学生的学材等。

5. 教学评价

本课程的考核包括平时成绩、期末考试成绩两部分,实行百分制。其中平时成绩可以通过个人作业、实训报告、学习态度、实训评价及小组讨论等方式进行评定；期末考试可以采用开卷或闭卷形式,重点考查学生对工业机器人的安装调试的基本概念、基本理论、基本方法的理解和掌握程度。

在课程的总成绩中,平时成绩占30%,期末考试成绩占70%。

五、其他说明

本课程标准适用于中职学校工业机器人技术应用相关相近专业,也可作为工业机器人相关企业员工技术培训使用。

重庆市永川职业教育中心
紧缺骨干专业建设

《工业机器人操作与编程》
课程标准

重庆市永川职业教育中心
二〇二〇年十一月

一、前言

1.课程定位

"工业机器人操作与编程"课程是工业机器人技术应用专业必修的职业核心课程,工业机器人自动化生产线成套设备已经成为自动化装备的主流和未来发展方向,工业机器人的操作是一门实用的技术性专业课程,也是一门实践性较强的综合性课程,在工业机器人技术应用专业课程体系中占有重要地位,让学生能全面把握工业机器人应用的安装、配置与调试方法。本课程主要通过分析工业机器人的工作原理,通过涂胶、搬运、喷漆等常用工艺的实践,使学生了解各种工业机器人的应用,熟练掌握工业机器人的操作方法,锻炼学生的团队协作能力和创新意识,提高学生分析问题和解决实际问题的能力,提高学生的综合素质,增强适应职业变化的能力。

2.课程设计思路

根据职业能力标准,以重点职业能力为依据确定课程目标,依据职业能力整合所需的相关知识和技能,设计课程内容,以工作任务为载体构建"能力递进"课程。

课程结构以就业岗位对就业人员知识、技能的需求取向,通过"理实一体化"教学、项目式技能训练、综合案例考核等活动,构建机器人工作站典型应用、轨迹设计及编程、机械及动态装置、现场编程基础等四大模块的知识结构和能力结构,形成相应的职业能力。本课程的前续课程是"机电工程技术基础"和"PLC控制系统的设计与维护",并为后续课程"工业机器人工作站集成与维护""行业应用典型工作站维护"提供相应的理论及技术支持。

二、课程目标

掌握工业机器人的编程和操作方法,了解工业机器人常用工艺,通过这门课程的学习,让学生对工业机器人有一个全面、深入的认识,培养综合运用所学的基础理论和专业知识进行创新设计的能力,并相应地掌握一些实用工业机器人控制、规划和编程的方法。

学生学习完本课程后,应当具备从事工业机器人企业生产第一线的生产与管理等相关工作的基础知识和能力储备,包括:

①掌握用示教器操作工业机器人运动的方法;

②能新建、编辑和加载工业机器人程序;

③能够编写工业机器人搬运运动程序;

④能够编写工业机器人涂胶运动程序;

⑤能够编写工业机器人喷涂运动程序;

⑥能够编写工业机器人上下料运动程序;

⑦能够编写工业机器人码垛运动程序。

三、课程内容和要求

1. 学习项目及工作任务

学习项目及工作任务一览表

学习项目	工作任务	理论学时	实践学时
项目 1　HSR-JR612 工业机器人基础知识	任务 1-1　工业机器人的定义,发展史与特点	1	1
	任务 1-2　工业机器人分类与组成	1	1
	任务 1-3　示教器操作界面及单轴移动的手动操作	1	2
项目 2　HSR-JR612 工业机器人夹具安装	任务 2-1　机器人末端法兰安装条件	1	1
	任务 2-2　熟悉工业机器人多功能夹具	1	1
	任务 2-3　工业机器人多功能夹具的电气控制系统	1	2
项目 3　HSR-JR612 工业机器人指令类型	任务 3-1　工业机器人程序结构	1	1
	任务 3-2　工业机器人运动指令	1	1
	任务 3-3　工业机器人条件指令	1	1
	任务 3-4　工业机器人坐标系指令	1	1
	任务 3-5　工业机器人寄存器指令	1	2
项目 4　HSR-JR612 工业机器人程序编写与自动运行	任务 4-1　HSR-JR612 工业机器人程序创建与调用	1	1
	任务 4-2　HSR-JR612 工业机器人程序运行	1	1
项目 5　HSR-R612 工业机器人工具坐标系的标定	任务 5-1　工具坐标系的定义	1	1
	任务 5-2　工具坐标系的标定方法	1	2
项目 6　HSR-JR612 工业机器人工件坐标系的标定	任务 6-1　工件坐标系的定义	1	1
	任务 6-2　工件坐标系的标定方法	1	2
项目 7　HSR-JR612 工业机器人涂胶操作与编程	任务 7-1　夹爪工具的组成	1	1
	任务 7-2　涂胶运动规划与涂胶工艺分析	1	2
	任务 7-3　涂胶示教编程	2	2
项目 8　HSR-JR612 工业机器人搬运操作与编程	任务 8-1　工业机器人搬运工作流程	1	1
	任务 8-2　工业机器人搬运工艺分析	1	1
	任务 8-3　搬运运动规划及示教前准备	1	1
	任务 8-4　搬运示教编程	1	2

续表

学习项目	工作任务		理论学时	实践学时
项目9　HSR-JR612工业机器人码垛操作与编程	任务9-1	金字塔码垛流程分析	1	1
	任务9-2	金字塔码垛程序编写	1	2
	任务9-3	回形码垛流传分析	1	1
	任务9-4	回形码垛程序编写	1	2
项目10　HSR-JR612工业机器人模拟机床上下料操作与编程	任务10-1	模拟机床上下料步骤	1	1
	任务10-2	模拟机床上下料流程分析	1	1
	任务10-3	模拟机床上下料程序编写	1	2
总计74课时			32	42

2.课程内容与教学要求

课程内容与教学要求一览表

序号	项目细分	课程内容与教学要求			活动识读	课时
		知识	技能	态度		
1	HSR-JR612工业机器人基础知识	（1）工业机器人的定义，发展史与特点；（2）工业机器人分类与组成；（3）示教器操作界面及单轴移动的手动	①能够准确说出什么是工业机器人、工业机器人的编程方式；②能够正确描述工业机器人的种类及组成；③能够准确对示教器进行简单操作及单轴移动的手动操作	①掌握工业机器人概念、工业机器人的两种主要编程方式；②了解工业机器人的种类和组成；③理解工业机器人示教器的操作系统，熟悉工业机器人单轴移动的手动操作	①具有良好的职业道德、行为操守及团队合作精神；②具有良好的语言表达与社会沟通能力；③具有科学的创新精神、决策能力和执行能力	理论环节：教师首先通过PPT、视频等多媒体资料讲解工业机器人的基础知识，并引导学生进行识读。实践环节：依实际情况将学生分成多组，熟悉工业机器人各部分组成及特点，能够对工业机器人进行简单操纵，教师协同指导	7

序号	项目细分	课程内容与教学要求			活动识读	课时
		知识	技能	态度		
2	HSR-JR612工业机器人夹具安装	（1）工业机器人末端法兰安装条件；（2）熟悉工业机器人多功能夹具；（3）工业机器人多功能夹具的电气控制系统	①能够准确判断HSR-JR612工业机器人末端法兰安装条件；②能够熟悉工业机器人多功能夹具的功能；③能够准确连接工业机器人多功能夹具电路及气路	①了解工业机器人末端法兰安装的基本条件；②了解工业机器人多功能夹具各模块的功能；③能理解工业机器人轴多功能夹具气路、电路连接的原理	①具有良好的职业道德、行为操守及团队合作精神；②具有良好的语言表达与社会沟通能力；③具有科学的创新精神、决策能力和执行能力	理论环节：教师首先通过PPT、视频等多媒体资料对工业机器人夹具安装过程进行讲授。实训环节：依实际情况将学生分成多组，学生通过实操对工业机器人夹具安装进行学习，得出学习结论	7
3	HSR-JR612工业机器人指令类型	（1）工业机器人程序结构；（2）工业机器人运动指令；（3）工业机器人条件指令；（4）工业机器人坐标系指令；（5）工业机器人寄存器指令	①能够正确了解工业机器人的程序结构；②能够正确运用工业机器人运动指令；③能够正确运用工业机器人条件指令；④能够熟练掌握坐标系指令；⑤能熟练使用工业机器人寄存器指令	①能理解工业机器人程序的结构；②能了解工业机器人运动指令之间的关系；③了解工业机器人条件指令的用途；④了解坐标系指令的关系；⑤了解工业机器人寄存器指令使用方法	①具有良好的职业道德、行为操守及团队合作精神；②具有良好的职业道德和执行能力；③具有科学的创新精神、决策能力和执行能力	理论环节：教师首先通过PPT、视频等多媒体资料对工业机器人指令进行讲授。实践环节：依实际情况将学生分成多组，学生通过实操对工业机器人指令类型进行学习，得出学习结论	11

续表

序号	项目细分	课程内容与教学要求			活动识读	课时
		知识	技能	态度		
4	HSR-JR612工业机器人程序编写与自动运行	（1）HS-RJR612工业机器人程序创建与调用；（2）HSR-JR612工业机器人示教器程序运行	①熟悉 HSR-JR612工业机器人程序创建与调用；②熟悉 HSR-JR612工业机器人示教器程序运行	①正确操作 HSR-JR612工业机器人程序创建与调用；②正确操作 HSR-JR612工业机器人示教器程序运行	①具有良好的语言表达与社会沟通能力；②具有科学的创新精神、决策能力和执行能力	理论环节：教师首先通过PPT、视频等多媒体资料对工业机器人程序编写与自动运行过程进行讲授；实践环节：依实际情况将学生分成多组，学生通过对工业机器人程序编写与自动运行，得出学习结论	4
5	HSR-JR612工业机器人工具坐标系的标定	（1）工具坐标系的定义；（2）工具坐标系的标定方法	①熟悉工具坐标系的定义；②掌握工具坐标4点标定与6点标定法	①了解什么是工具坐标系；②了解工具坐标4点标定与6点标定方法	①具有良好的职业道德、行为操守及团队合作精神；②具有良好的语言表达与社会沟通能力	理论环节：教师首先通过PPT、视频等多媒体资料对工具坐标标定过程进行讲授。实践环节：依实际情况将学生分成多组，学生通过实操进行工具坐标标定，得出学习结论	5
6	HSR-JR612工业机器人工件坐标系的标定	（1）工件坐标系的定义；（2）工件坐标系的标定方法	①熟悉工件坐标系的定义；②掌握工件坐标系的标定	①了解何为工件坐标系；②了解工件坐标系标定的方法	①具有良好的职业道德、行为操守及团队合作精神；②具有良好的语言表达与社会沟通能力	理论环节：教师首先通过PPT、视频等多媒体资料对工业机器人工件坐标标定过程进行讲授；实践环节：依实际情况将学生分成多组，学生通过工业机器人实操进行工件坐标系标定，得出学习结论	5

序号	项目细分	课程内容与教学要求			活动识读	课时
		知识	技能	态度		
7	HSR-JR612工业机器人涂胶操作与编程	(1)夹爪工具的组成；(2)涂胶运动规划与涂胶工艺分析；(3)涂胶示教编程	①涂胶夹具的组成及安装；②熟悉涂胶运动规划及涂胶工艺分析；③掌握工业机器人涂胶程序编写	①了解涂胶夹具的组成；②了解工业机器人涂胶的运动轨迹与工艺流程；③了解工业机器人涂胶程序的逻辑	①具有良好的职业道德、行为操守及团队合作精神；②具有良好的语言表达与社会沟通能力；③具有科学的创新精神、决策能力和执行能力	理论环节:教师首先通过PPT、视频等多媒体资料对工业机器人涂胶操作过程进行讲授。实践环节:依实际情况将学生分成多组,学生通过工业机器人涂胶示教编程,得出学习结论	9
8	HSR-JR612工业机器人搬运操作与编程	(1)工业机器人搬运工作流程；(2)工业机器人搬运工艺分析；(3)搬运运动规划及示教前准备；(4)搬运示教编程	①熟悉工业机器人搬运工作流程；②熟悉工业机器人搬运工艺；③熟悉搬运前所需准备的工具；④正确编写搬运控制程序	①了解工业机器人搬运工作流程；②了解工业机器人搬运工作路径；③掌握工业机器人搬运运动的特点和程序编写方法；④能使用工业机器人基本指令	①具有良好的职业道德、行为操守及团队合作精神；②具有良好的语言表达与社会沟通能力；③具有科学的创新精神、决策能力和执行能力	理论环节:教师首先通过PPT、视频等多媒体资料对工业机器人搬运操作与实操过程进行讲授。实践环节:依实际情况将学生分成多组,学生通过工业机器人搬运操作示教编程,得出学习结论	9

续表

序号	项目细分	课程内容与教学要求			活动识读	课时
		知识	技能	态度		
9	HSR-JR612工业机器人码垛操作与编程	（1）金字塔码垛流程分析；（2）金字塔码垛程序编写；（3）回形码垛流传分析；（4）回形码垛程序编写	①熟悉金字塔码垛流程分析；②掌握工业机器人金字塔码垛运动的程序编写方法；③熟悉回形码垛流程分析；④掌握工业机器人回形码垛运动的程序编写方法	①掌握工业机器人金字塔码垛运动的特点；②能够完成金字塔码垛示教，能够为金字塔码垛运动建立合适的坐标系；③掌握工业机器人回形码垛运动的特点；④能够完成回形码垛示教，能够为回形码垛运动建立合适的坐标系	①具有良好的职业道德、行为操守及团队合作精神；②具有良好的语言表达与社会沟通能力；③具有良好的职业道德、行为操守及团队合作精神	理论环节：教师首先通过PPT、视频等多媒体资料对工业机器人码垛操作过程进行讲授。实践环节：依实际情况将学生分成多组，学生通过工业机器人码垛编程调试运行，得出学习结论	10
10	HSR-JR612工业机器人模拟机床上下料操作与编程	（1）模拟机床上、下料步骤；（2）模拟机床上、下料流程分析；（3）模拟机床上、下料程序编写；	①掌握工业机器人上、下料运动的特点；②掌握模拟机床上、下料流程；③掌握工业机器人上、下料运动的程序编写方法	①了解工业机器人上、下料步骤；②了解工业机器人上、下料运动轨迹及流程；③能够编写工业机器人上、下料运动程序	①具有良好的职业道德、行为操守及团队合作精神；②具有良好的语言表达与社会沟通能力；③具有良好的职业道德、行为操守及团队合作精神	理论环节：教师首先通过PPT、视频等多媒体资料对工业机器人模拟机床上下操作过程进行讲授。实践环节：依实际情况将学生分成多组，学生通过工业机器人模拟机床上、下料编程调试运行，得出学习结论	7
	合计					76

四、实施建议

1.教材选用及开发指引

教材推荐选用表

序号	教材名称	教材类型	出版社	主编	出版日期	备注
1	工业机器人操作与编程	公开出版	华中科技大学	熊清平	2019年11月	选用

2.教学方法

教学方法包括讲授法、引导课文法、示范法、角色扮演法、小组讨论法等。本课程采用行动导向、教学做一体化的教学组织方式。教学过程主要分为学习准备、工作计划、任务实施、作品检查和学业评价等环节,根据不同的教学环节,采用不同的、灵活多样的教学方法。

在学习准备环节,采用资料检索对比法,让学生通过阅读相关学习资料、网络查阅等途径独立检索相关技术、器件的应用资料,提高学生的信息检索能力和对新技术的转化能力,培养学生的自学能力。

在工作计划环节,采用项目分析引导法可以引导学生发散思维,激发学生的创造性。

在任务实施环节,采用互助协作的方式,一个电子产品的生产过程由一个班组互相协作完成任务,既能提高教学效率,又能锻炼学生的自主学习能力。

在作品检查和学业评价环节采用问答法,通过问答形式让学生对自己制作的项目作品有一个新的认识,同时对学生的掌握情况进行核实,以确定是否需要再进行补充辅导或对知识进行再拓展。

3.教学条件建议

(1)本课程部分内容考虑采用理实一体化教学,以典型工作任务为导向,激发学生的学习兴趣,提高学生的实际操作能力。在教学过程中,教师示范和学生分组讨论、训练互动,学生提问与教师解答、指导有机结合,让学生在"教"与"学"的过程中,充分理解和掌握工业机器人离线编程及仿真技术。

(2)在教学过程中,由于设备和场地的限制,制约了学生实践技能的培养。教学过程中可充分使用仿真、模拟软件进行训练,同时积极与企业建立密切的合作关系,充分挖掘企业的潜力,可把部分实训项目安排在企业中进行,提高学生的岗位适应能力。

(3)在教学过程中,重视本专业领域新技术、新工艺、新材料的发展趋势,贴近企业、贴近生产。为学生提供职业生涯发展的空间,努力培养学生参与社会实践的创新精神和职业能力。

4.课程资源

(1)为提高学生的参与度进而为后续实践学习做铺垫,可以借助学校现有的智慧教学工具"学习通"进行线上、线下交流。

(2)在讲解示教器的操作及编程时,为保证学生对实践操作有宏观了解,需使用视频及微课程资源。

5. 教学评价

实行多评价主体参与的学习全过程综合考核制度,考核按照平时训练和综合训练相结合,理论和实践相结合,实物和答辩相结合的原则进行,最终成绩根据小组合作学习、实物展示、项目报告和答辩结果来确定。

具体评价标准:

(1)期末考试成绩 = 笔试成绩(40%) + 上机考试成绩(60%)。

(2)实操考试成绩 = 平时成绩(每次上机成绩,40%) + 期末上机考试成绩(20%)。

五、其他说明

本课程标准适用于中等职业学校工业机器人技术应用类专业。教学活动以学生为主体,体现"学生是学习过程的中心,教师是学生学习过程的组织者、协调人和专业对话伙伴"的理念。应集思广益,将课程思政、劳动教育、安全教育、卫生行为教育等有机地融入课程的教学中。